Kakurokirja 3

Mauno Hepola

Kakurokirja 3

100 vaikeampaa
summaristikkoa

Books on Demand

©2014 Mauno Hepola

ISBN 978-952-286-988-3

1. painos

Sarjassa aiemmin ilmestyneet:
Kakurokirja – 100 summaristikkoa
ISBN 978-952-498-592-5.
Kakurokirja 2 - 120 helpompaa summaristikkoa
ISBN 978-952-286-589-2

Kustantaja: Books on Demand GmbH, Helsinki, Suomi
Valmistaja: Books on Demand GmbH, Norderstedt, Saksa

Tienviittoja kakuroiden maailmaan

Mikä on kakuro?

Kakuro kuuluu tunnetumman sudokun ohella Japanissa suosittujen numeropelien joukkoon. Kun sudoku ratkeaa pelkällä päättelyllä, tarvitaan kakuron ratkaisemiseen yhteen- ja vähennyslaskutaitoa. Sudokusta poiketen kakurossa ei anneta yhtään numeroa valmiiksi. Ratkaisemisen välineinä ovat summat. Siksi kakuron suomenkielinen nimi on summaristikko.

Summaristikossa on pysty- ja vaakasuoria valkoisten ruutujen jonoja, joita tummat ruudut erottavat toisistaan. Kutsun tällaista jonoa sanaksi, sillä summaristikko muistuttaa suuresti sanaristikkoa. Sanan pituus on 2...9 ruutua.

Säännöt

Kakuron säännöt ovat yksinkertaiset:

Sääntö 1: Sanojen ruudut täytetään numeroilla 1...9, yksi numero kuhunkin ruutuun.

Sääntö 2: Sanassa ei saa olla kahta samaa numeroa.

Sääntö 3: Pystysanan yläpuolella ja vaakasanan vasemmalla puolella tummassa ruudussa oleva luku kertoo sanassa olevien numeroiden summan.

5

Esipuhe

Näiden sääntöjen avulla on selvitettävä, mikä numero missäkin ruudussa kuuluu olla. Oikein laadittu kakuro ratkeaa aina vain yhdellä tavalla.

Vinkkejä

Usein on helpointa lähteä liikkeelle jostakin nurkasta, jossa kaksiruutuiset sanat risteävät. Pienimmät mahdolliset summat 3 (1+2) ja 4 (1+3) samassa kulmassa merkitsevät sitä, että yhteiseen ruutuun tulee ykkönen, muissa ruuduissa on kakkonen ja kolmonen. Vastaavasti toimivat summat 16 (7+9) ja 17 (8+9).

Ei ole vaikeata löytää muitakaan sellaisia risteäviä sanoja, joilla on vain yksi yhteinen numero. Esimerkiksi kolmiruutuinen 22 ei voi sisältää viitosta pienempää numeroa (5+8+9/6+7+9). Kaksiruutuinen 6 taas ei koskaan saa viitosta suurempaa (1+5/2+4). Jos nämä risteävät, risteysruudussa on 5.

Kannattaa käyttää apunumeroita. Kirjoita ruutuihin lyijykynällä pienin numeroin kaikki ne numerot, jotka ovat mahdollisia. Pyyhi pois sitä mukaa, kun käyvät mahdottomiksi (sanassahan ei saa olla kahta samaa). Näistä on muutakin hyötyä kuin muistin tuki. Jos sanassa on kaksi sellaista ruutua, joissa on täsmälleen samat kaksi numeroa, nämä numerot eivät voi esiintyä missään muissa sen sanan ruuduissa. Poispyyhkiminen voi ratkaista joitakin ruutuja. Sama toimii pidempinäkin yhdistelminä, esim. kolme ruutua ja kolme numeroa.

Joskus on hyödyllistä laskea jonkin osa-alueen pysty- ja vaakarivien summat ja verrata niitä toisiinsa. Vähennyslaskulla voi selvitä jonkin ruudun numero.

Toisinaan taas on syytä kokeilla, mihin tietty valinta johtaa. Jossakin ruudussa on kaksi apunumeroa. Valitset niistä toisen ja merkitset sen vaikkapa alleviivaamalla. Pyyhit sen numeron pois pysty- ja vaakasanojen muista ruuduista mutta vain virtuaalisesti, esim. ylleviivaamalla. Jatka näin kunnes päädyt kahteen samaan numeroon samassa sanassa tai muuhun ristiriitaan. Silloin voit pyyhkiä todellisesti pois alkuperäisen alleviivatun numeron ja kaikki apuviivat. Jos et päädy ristiriitaan, et voi käyttää tilannetta hyödyksi, vaan joudut pyyhkimään apuviivat pois.

Kannattaa keksiä itse lisää kaikenlaisia ratkaisukikkoja.

Vaikeustasot

Vaikeustaso on ilmaistu tähdillä, joita on yhdestä viiteen. Niiden antama tieto on vain suuntaaantavaa. Luotettava tason määrittäminen on vaikeata. Lisäksi kokemus vaikeudesta on yksilöllinen.

Ristikoiden järjestys noudattelee jossain määrin omaa käsitystäni niiden vaikeudesta, kuitenkin niin, että puolen sivun kakurot ovat ensin omana sarjanaan, kokosivuiset sitten. Pienissä ja isoissa ristikoissa sama tähtiluku ei tarkoita samaa

7

vaikeustasoa, vaan molemmat sarjat on erikseen jaettu viiteen luokkaan. Tähtilukua ei voi liioin verrata aikaisempien kirjojen tähtimääriin.

Helpot summat

Aikaa myöten opit ainakin nämä summat ulkoa. Kussakin ruutumäärässä alimmat ja ylimmät mahdolliset summat syntyvät vain yhdellä tavalla, kun numeroiden järjestystä ei oteta huomioon.

2 ruutua

3=	1+2	14=	5+9 tai 6+8
4=	1+3	15=	6+9 tai 7+8
5=	1+4 tai 2+3	16=	7+9
6=	1+5 tai 2+4	17=	8+9

3 ruutua

6=	1+2+3	22=	5+8+9 tai 6+7+9
7=	1+2+4	23=	6+8+9
8=	1+2+5 tai 1+3+4	24=	7+8+9

4 ruutua

10=	1+2+3+4	28=	4+7+8+9 tai
11=	1+2+3+5		5+6+8+9
12=	1+2+3+6 tai	29=	5+7+8+9
	1+2+4+5	30=	6+7+8+9

5 ruutua

15=	1+2+3+4+5	33=	3+6+7+8+9 tai
16=	1+2+3+4+6		4+5+7+8+9
17=	1+2+3+4+7 tai	34=	4+6+7+8+9
	1+2+3+5+6	35=	5+6+7+8+9

6 ruutua

21=	1+2+3+4+5+6	37=	2+5+6+7+8+9
22=	1+2+3+4+5+7	tai	3+4+6+7+8+9

| 23= | 1+2+3+4+5+8 | 38= | 3+5+6+7+8+9 |
| | tai 1+2+3+4+6+7 | 39= | 4+5+6+7+8+9 |

7 ruutua

28=	1+2+3+4+5+6+7	40=	1+4+5+6+7+8+9
29=	1+2+3+4+5+6+8	tai	2+3+5+6+7+8+9
30=	1+2+3+4+5+6+9	41=	2+4+5+6+7+8+9
tai	1+2+3+4+5+7+8	42=	3+4+5+6+7+8+9

8 ruutua

36:	puuttuu 9	41:	puuttuu 4
37:	puuttuu 8	42:	puuttuu 3
38:	puuttuu 7	43:	puuttuu 2
39:	puuttuu 6	44:	puuttuu 1
40:	puuttuu 5		

9 ruutua

| 45: | kaikki |

Hyvää matkaa!

Hyvää matkaa kakuroiden maailmaan. Kun saat juonesta kiinni, et enää osaa olla ilman. Kakurot ovat myös erinomaista matkaseuraa linja-autossa, junassa, laivassa ja lentokoneessa. Hyvää matkaa siis!

Ivalossa 31.8.2014

Mauno Hepola

Pienet kakurot 1…70

Pienet kakurot 1...70

Pienet kakurot 1...70

Puzzle 5

Puzzle 6

Pienet kakurot 1...70

Pienet kakurot 1...70

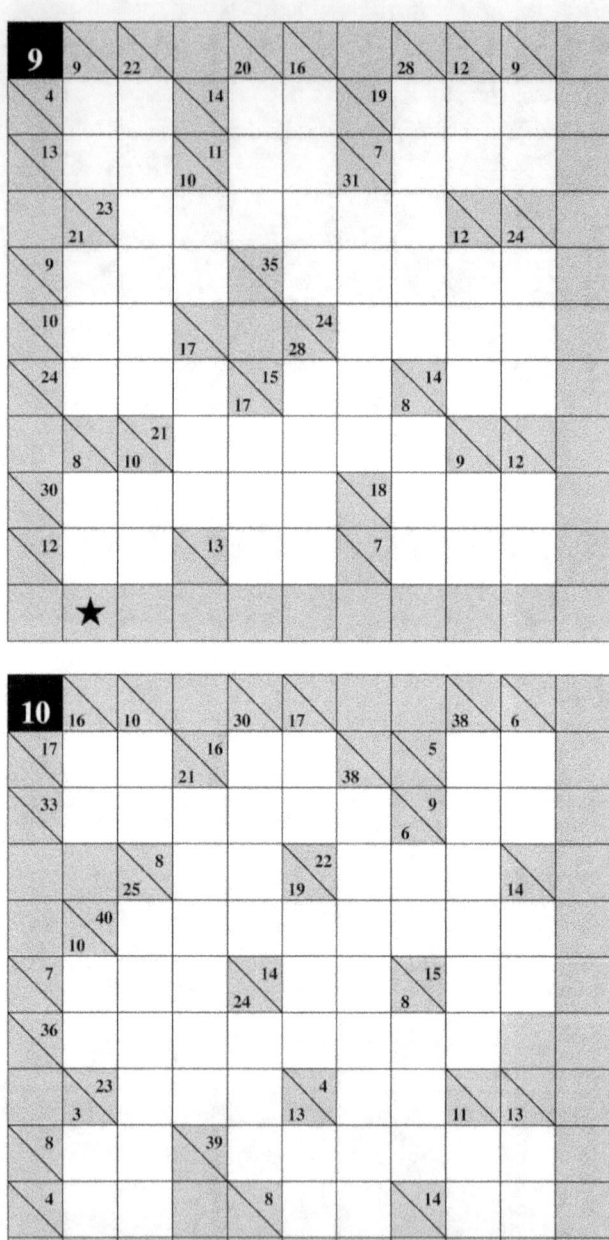

Pienet kakurot 1...70

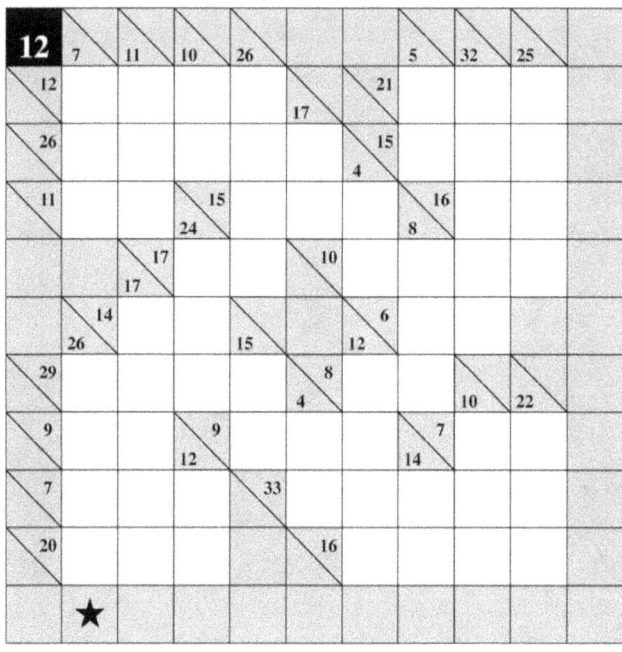

Pienet kakurot 1...70

Puzzle 13

Puzzle 14

Pienet kakurot 1...70

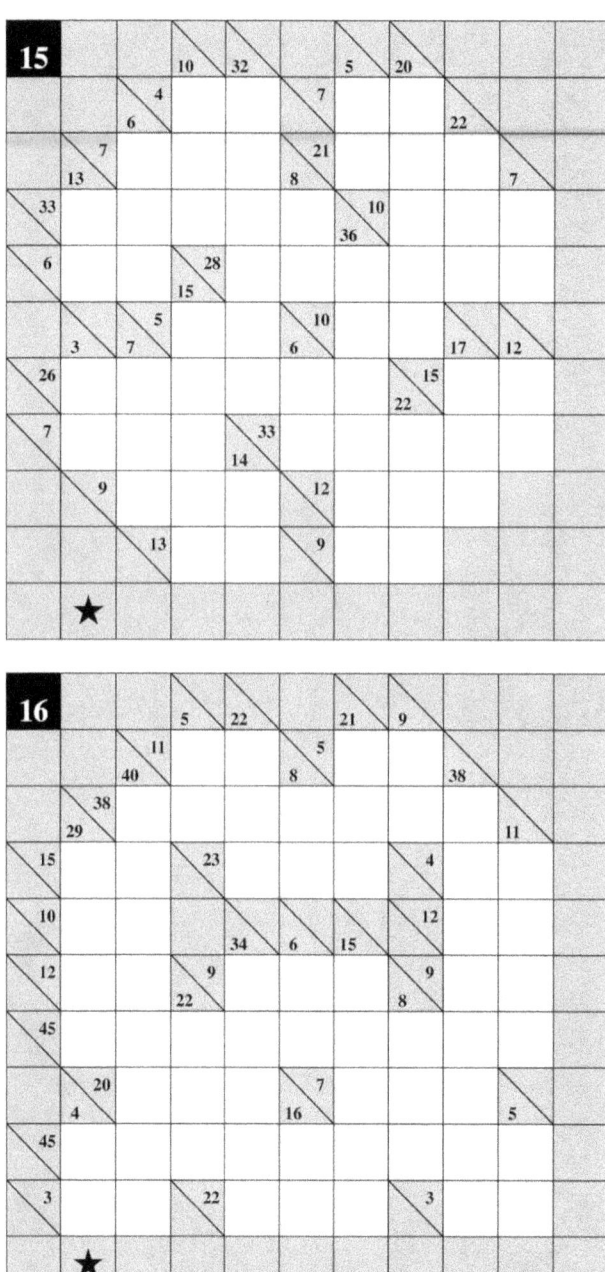

Pienet kakurot 1...70

Puzzle 17

Puzzle 18

Pienet kakurot 1...70

Puzzle 19

Puzzle 20

Pienet kakurot 1...70

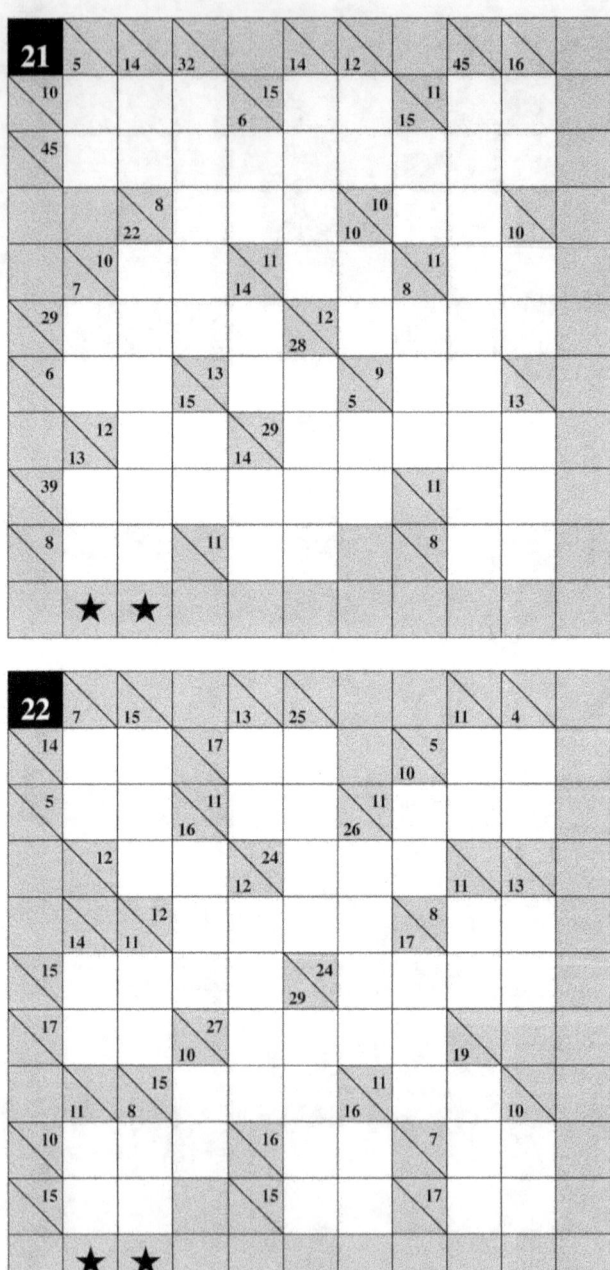

Pienet kakurot 1...70

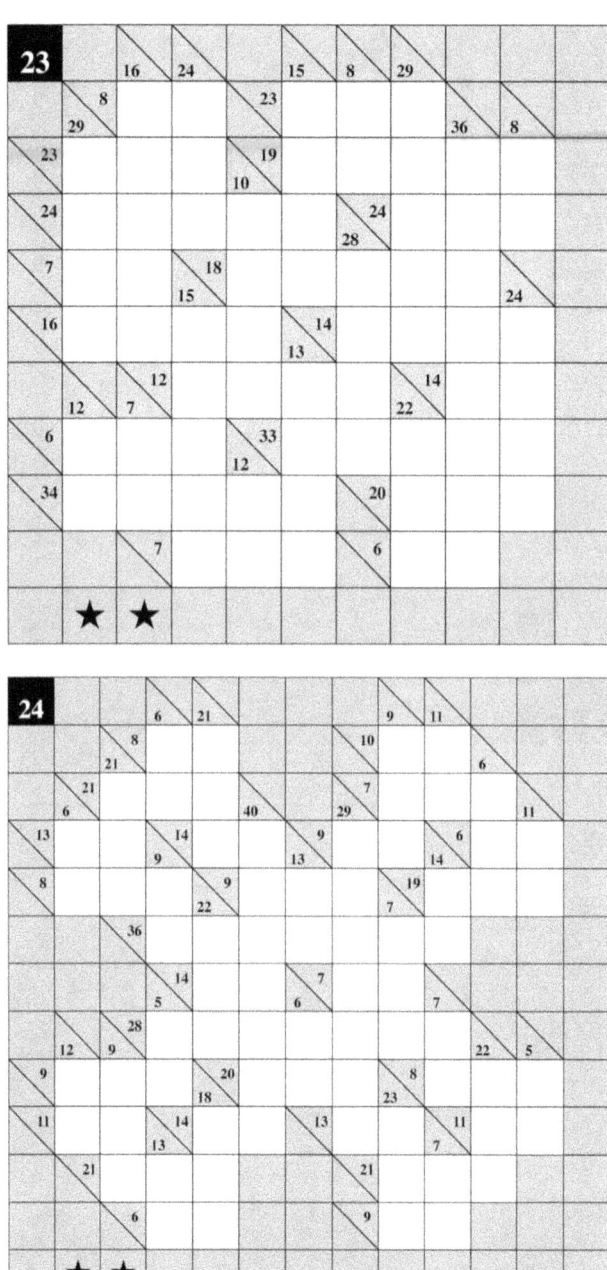

Pienet kakurot 1...70

Pienet kakurot 1...70

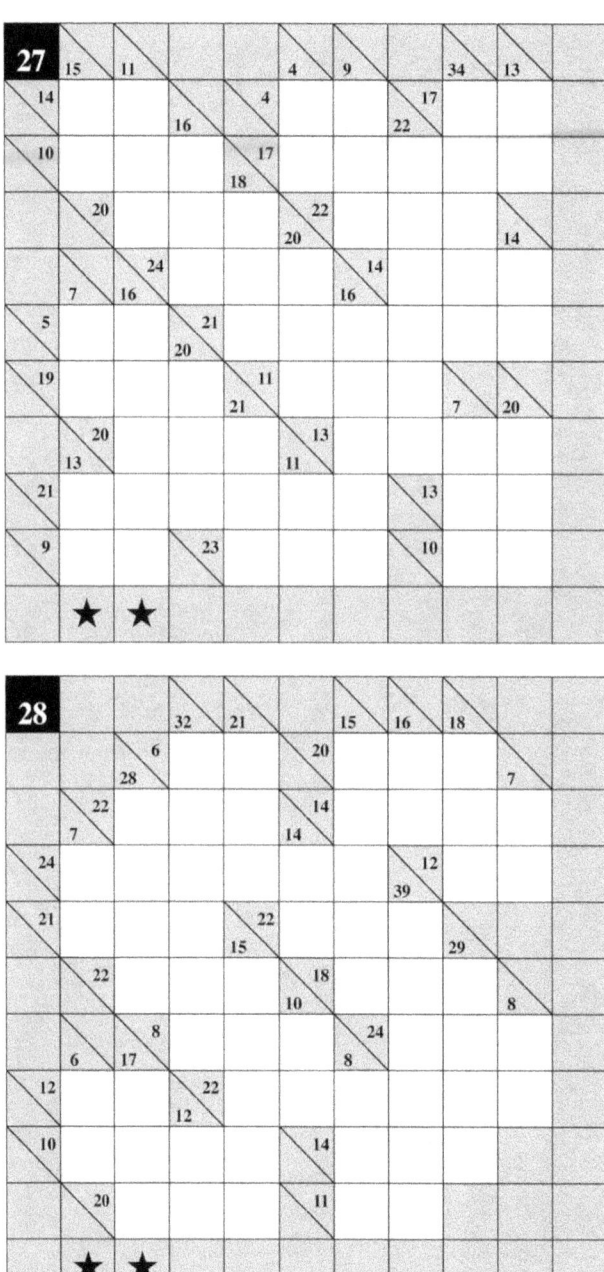

Pienet kakurot 1...70

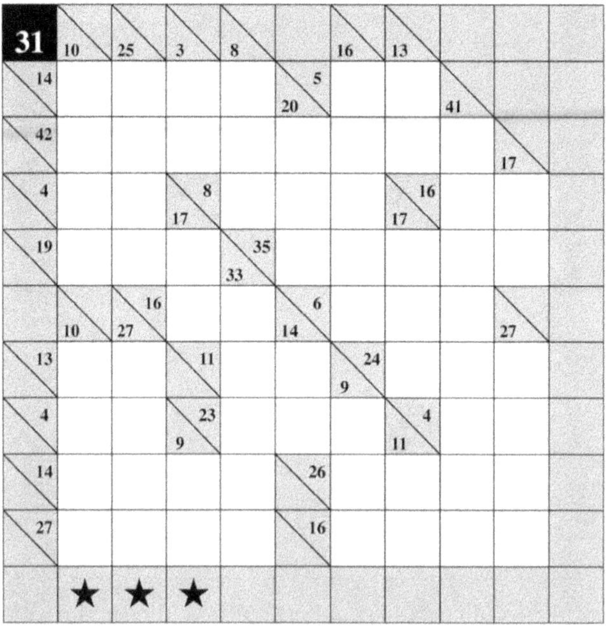

Pienet kakurot 1...70

Puzzle 31 (Kakuro grid with clues: 10, 25, 3, 8, 16, 13, 14, 5, 20, 41, 42, 17, 4, 8, 17, 16, 17, 19, 35, 33, 16, 10, 27, 6, 14, 27, 13, 11, 24, 9, 4, 23, 9, 4, 11, 14, 26, 27, 16, with three stars ★ ★ ★)

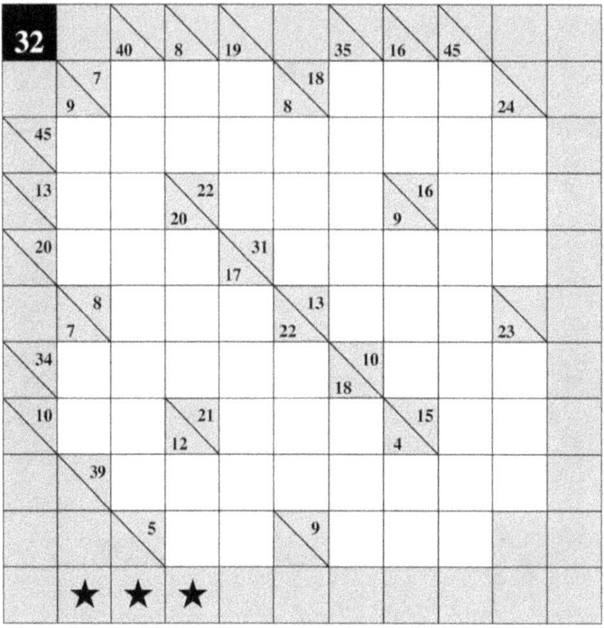

Puzzle 32 (Kakuro grid with clues: 40, 8, 19, 35, 16, 45, 7, 9, 18, 8, 24, 45, 13, 22, 20, 16, 9, 20, 31, 17, 8, 7, 13, 22, 23, 34, 10, 18, 10, 21, 12, 15, 4, 39, 5, 9, with three stars ★ ★ ★)

Pienet kakurot 1...70

33		45\	5\	21\		35\	3\	45\		
	7\20				8\13				6\	
\45										
\9			23\19				23\6			
\14				17\26						
	24\9				17\17				10\	
\35						6\11				
\8			16\8				15\14			
\45										
	\18				\9					
	★	★	★							

34			7\	16\	18\	12\	23\			
		32\34						31\		
	20\33								9\	
\13				35\17						
\5			16\14				22\13			
\32						10\10				
	15\24				8\24				12\	
\45										
\7			\9				\6			
	★	★	★							

Pienet kakurot 1...70

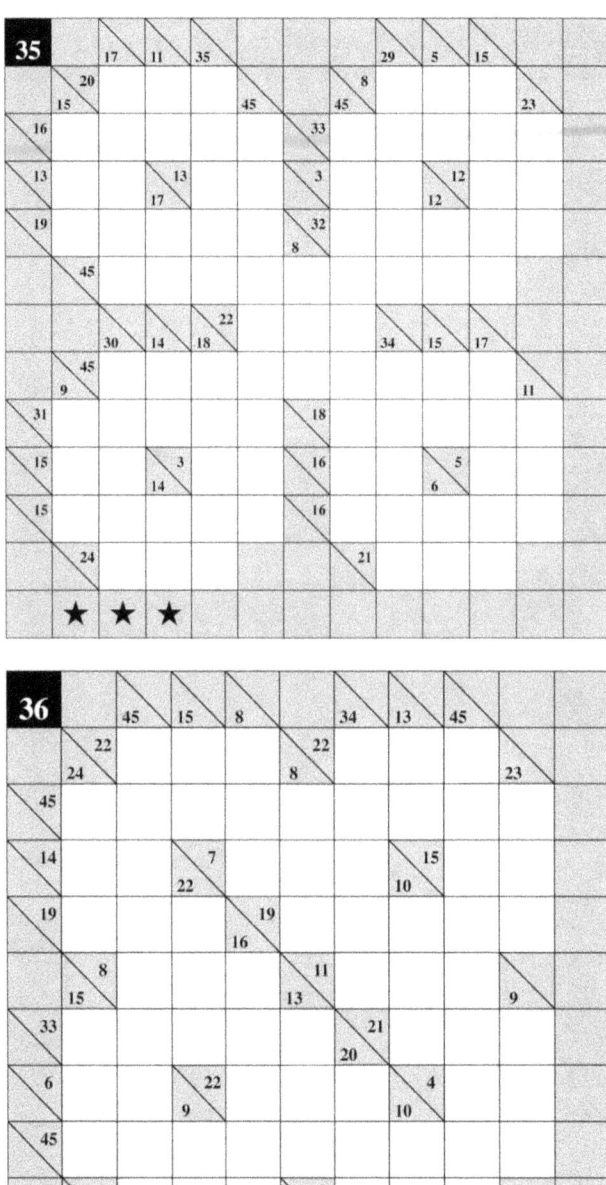

Pienet kakurot 1...70

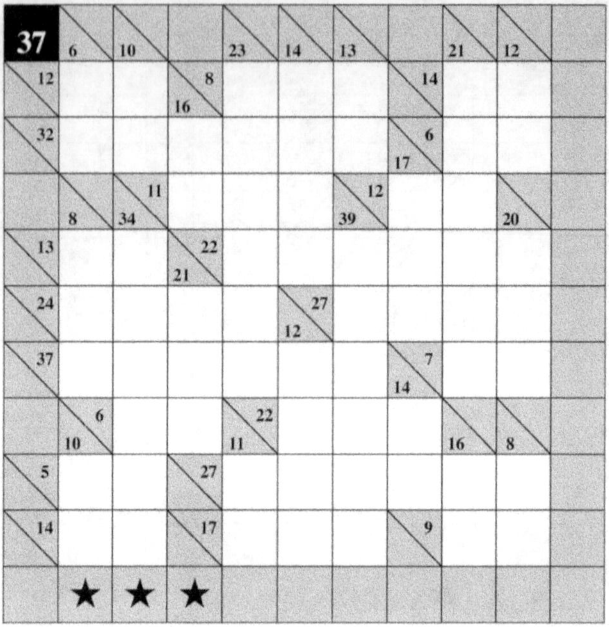

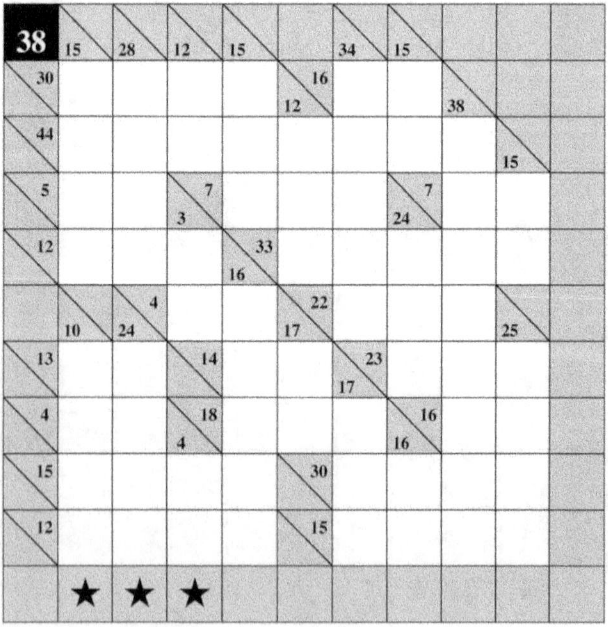

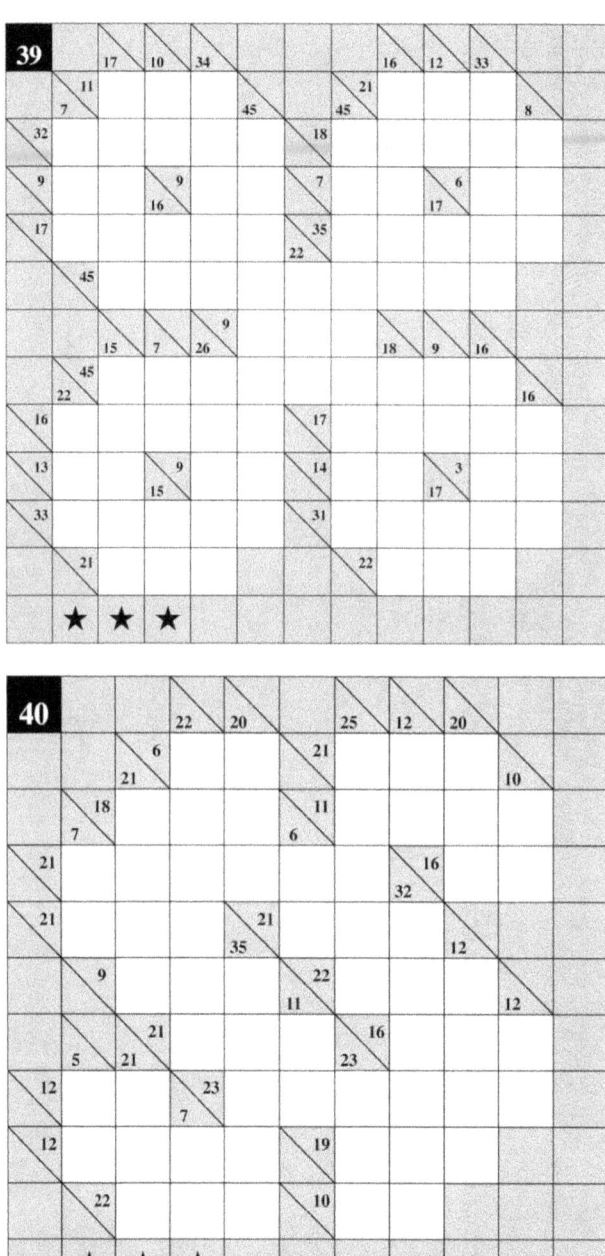

Pienet kakurot 1...70

Pienet kakurot 1...70

Puzzle 43

Puzzle 44

Pienet kakurot 1...70

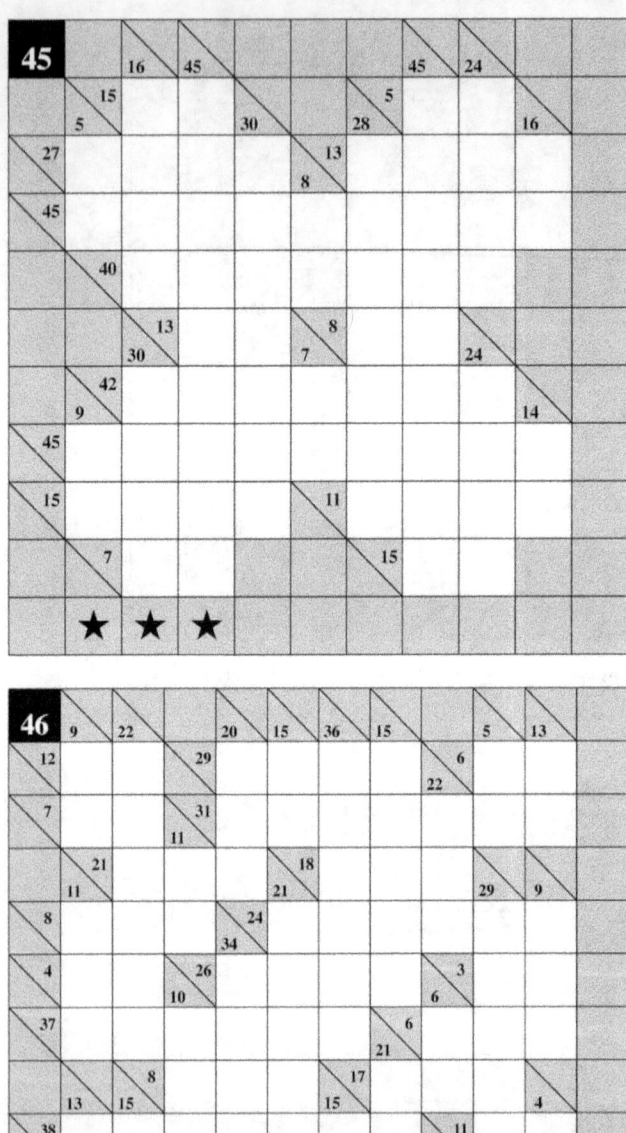

Pienet kakurot 1…70

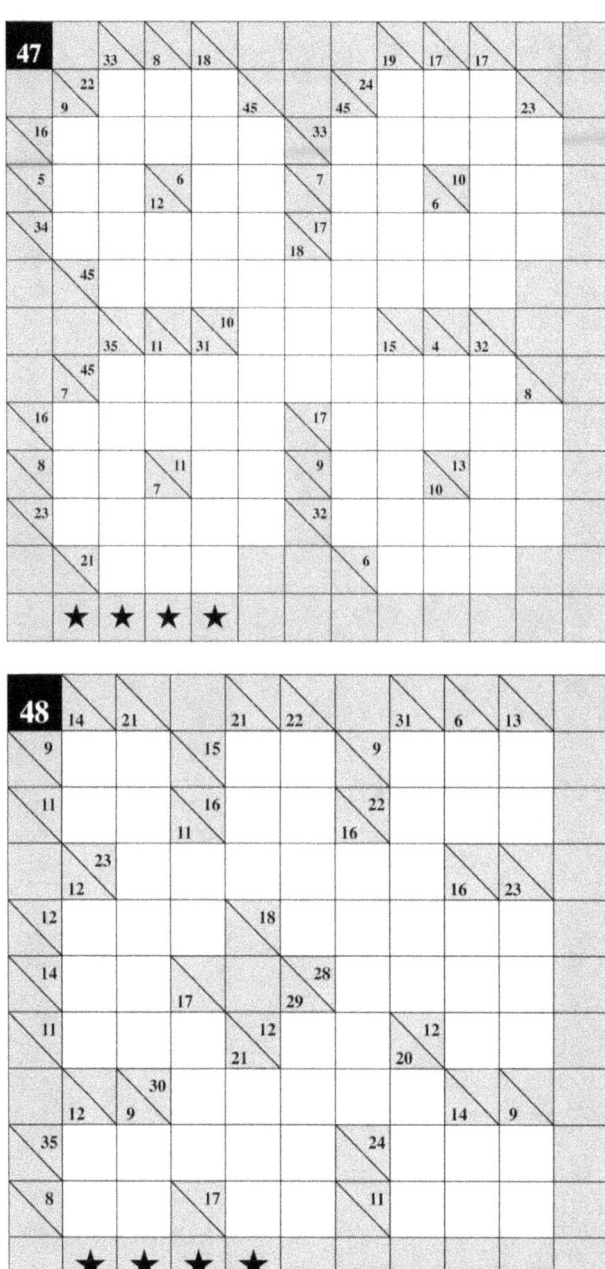

Pienet kakurot 1...70

34

Pienet kakurot 1...70

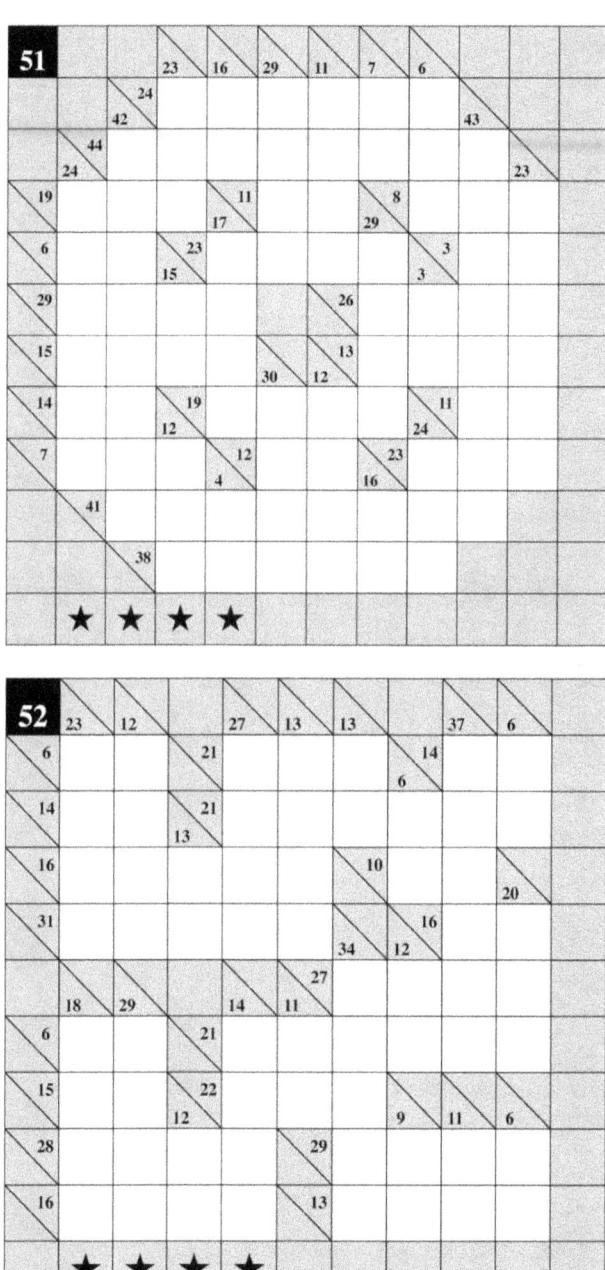

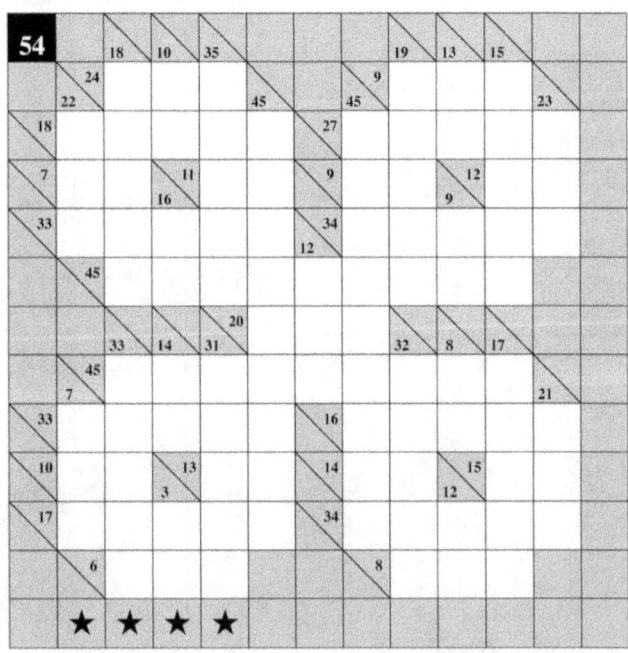

Pienet kakurot 1...70

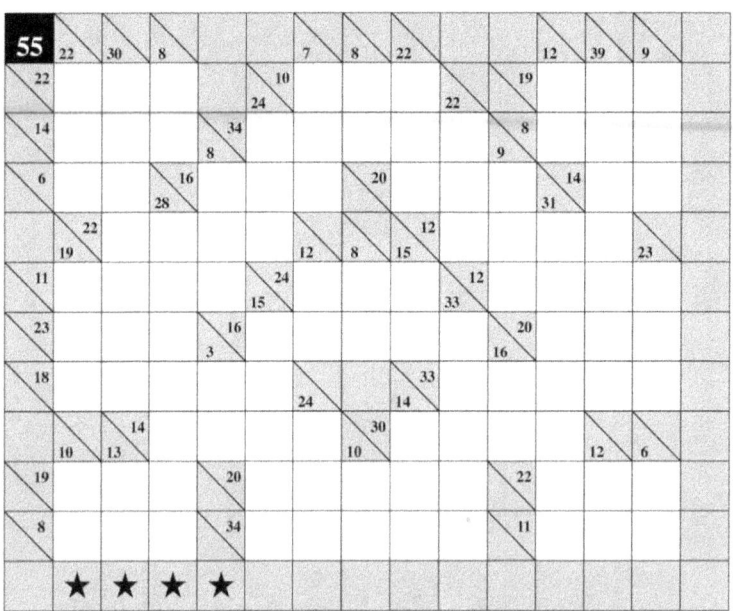

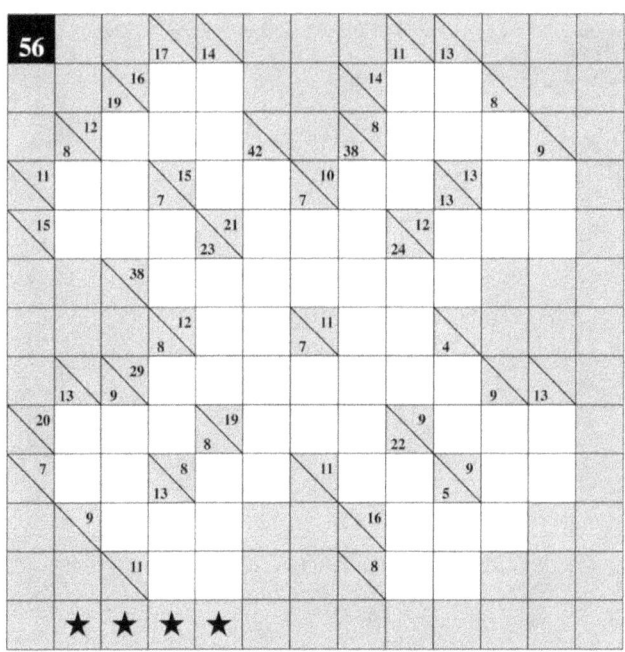

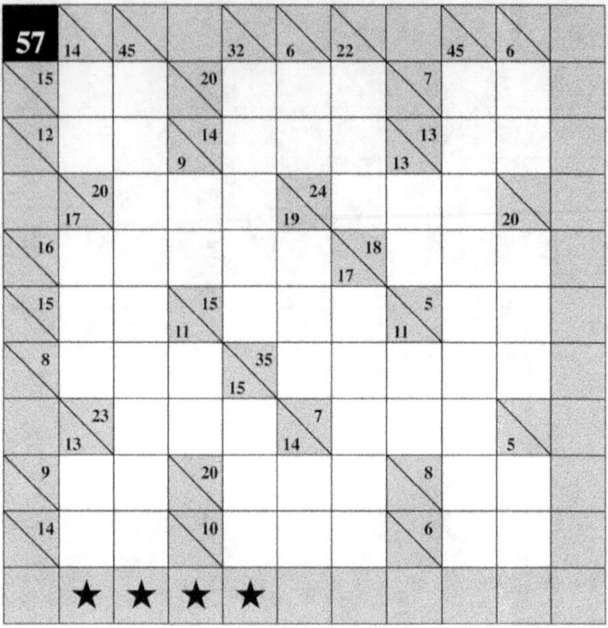

Pienet kakurot 1...70

57

(Kakuro puzzle grid with clues: 14, 45, 32, 6, 22, 45, 6 across top; 15, 20, 7; 12, 14, 13; 9, 13; 20, 24, 20; 17, 19, 18; 16, 17; 15, 15, 5; 11, 11; 8, 35; 15; 23, 7; 13, 14, 5; 9, 20, 8; 14, 10, 6; stars ★ ★ ★ ★)

58

(Kakuro puzzle grid with clues: 45, 6, 7, 33, 7, 45 across top; 7, 21; 23, 13, 9; 45; 16, 20, 12; 11, 14; 24, 16; 34; 13, 9; 24, 9, 6; 31, 10; 14; 10, 7, 7; 3, 9; 45; 10, 9; stars ★ ★ ★ ★)

38

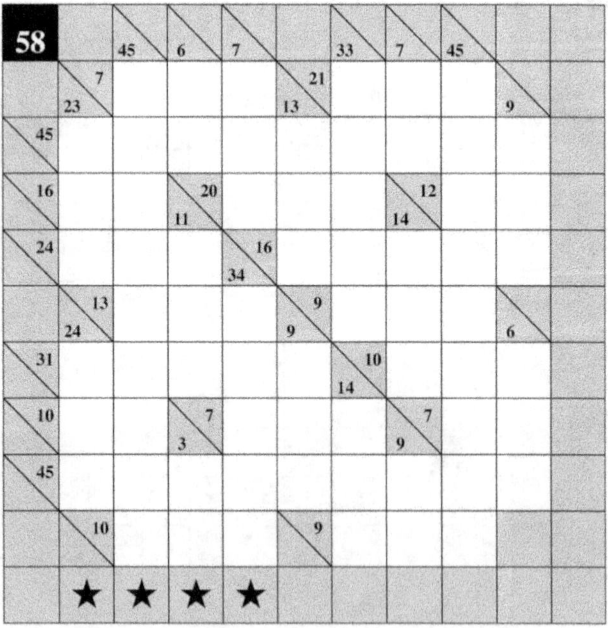

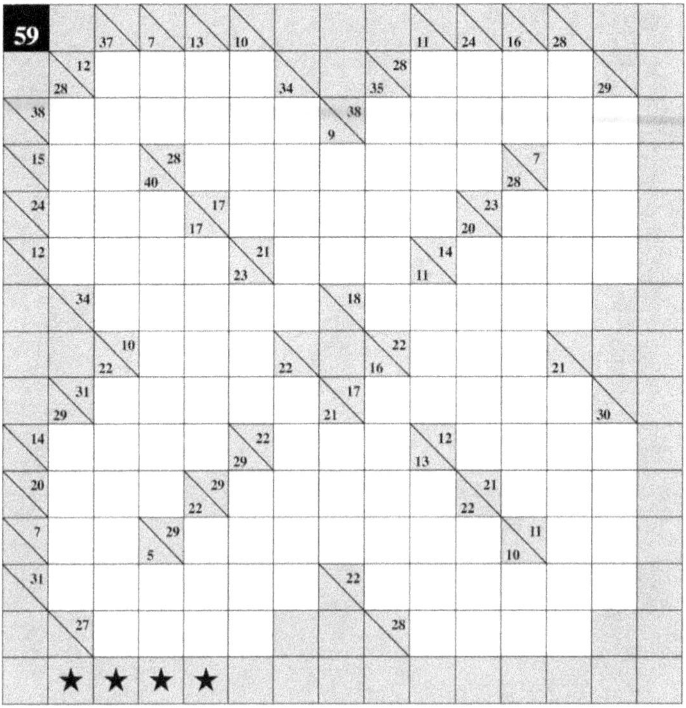

Pienet kakurot 1...70

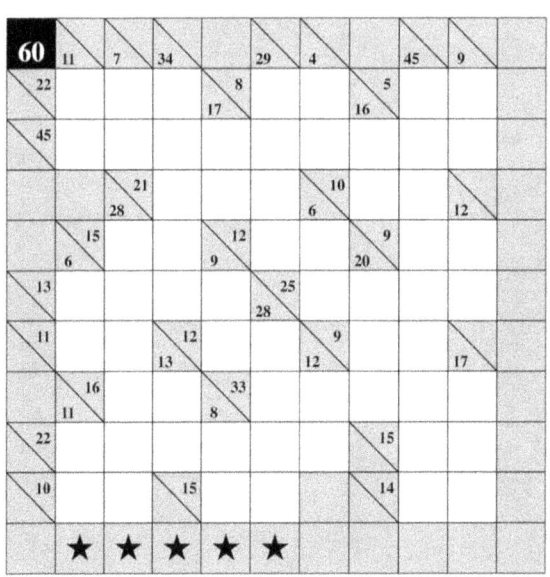

Pienet kakurot 1...70

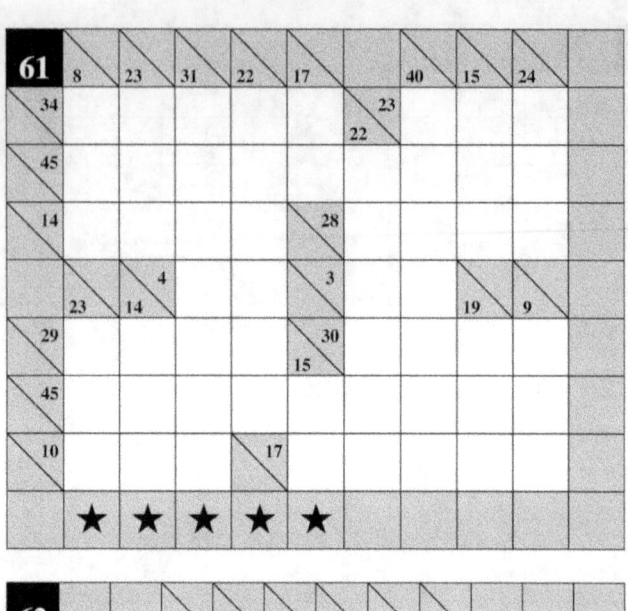

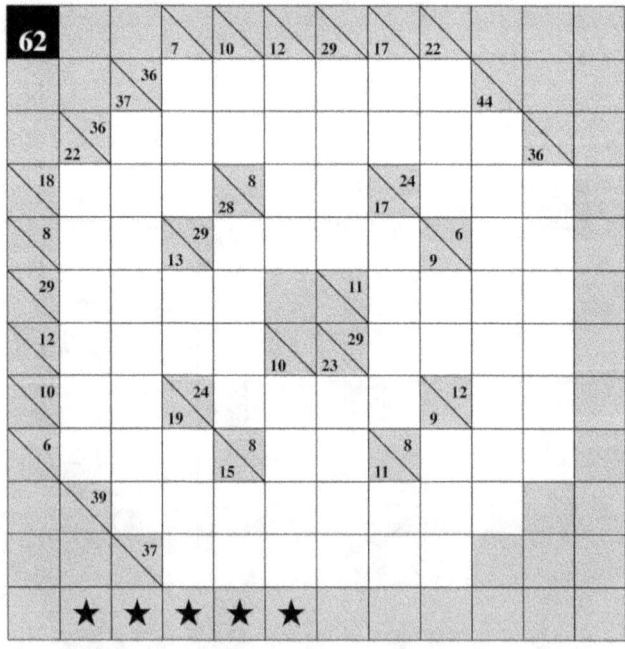

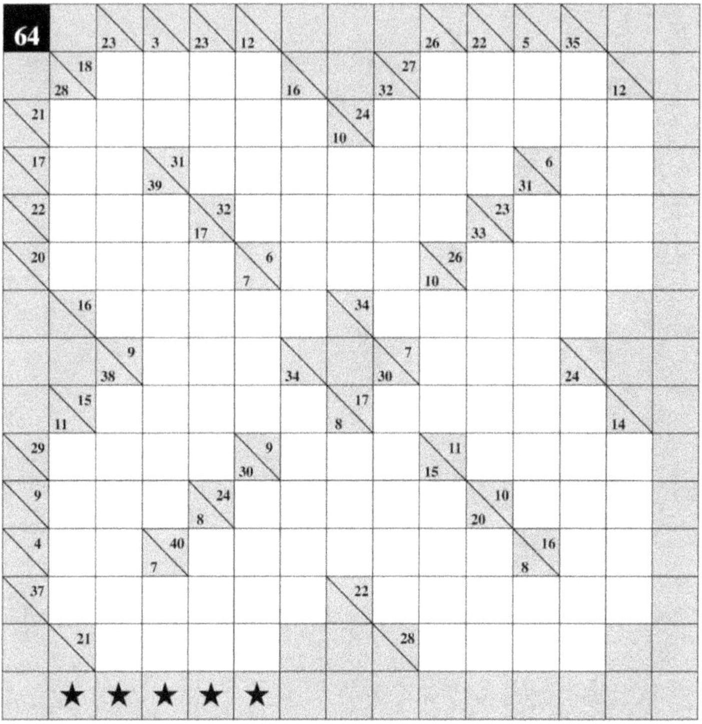

Pienet kakurot 1...70

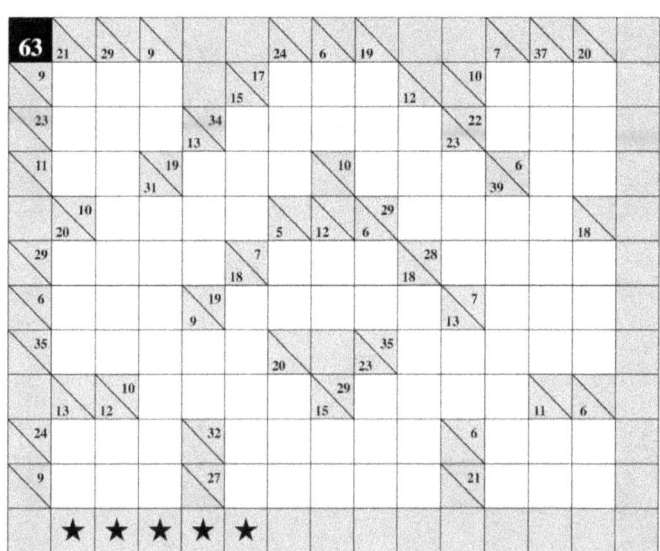

Pienet kakurot 1...70

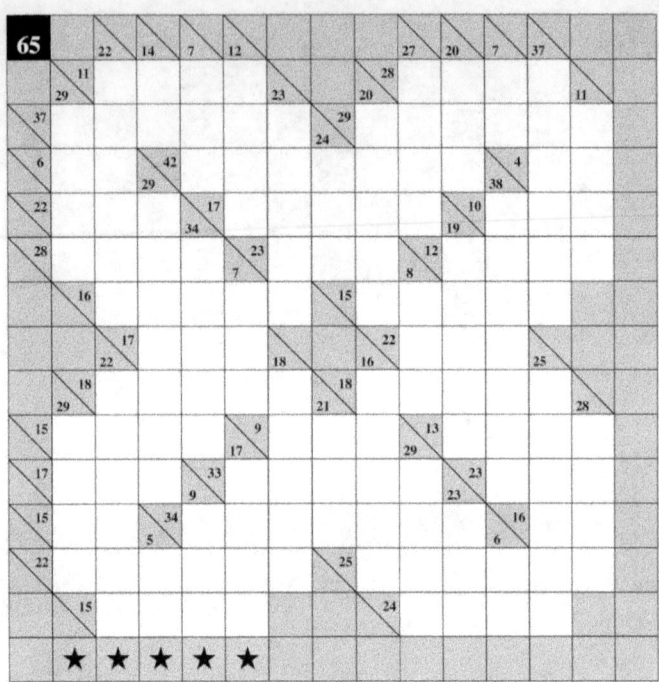

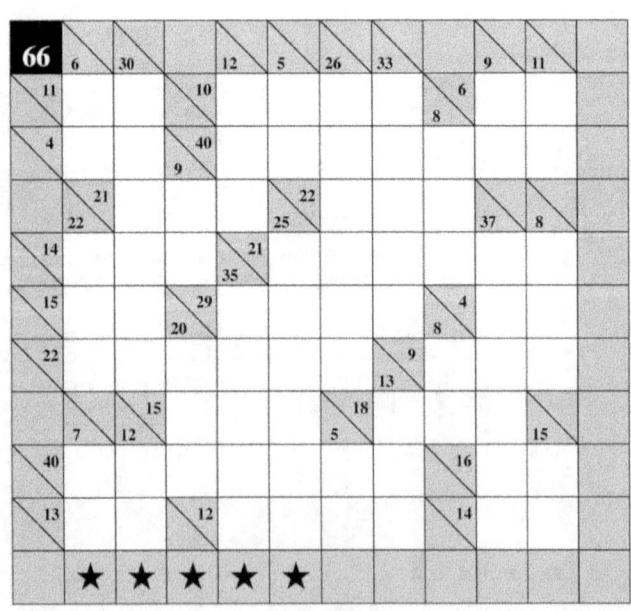

Pienet kakurot 1...70

Puzzle 67 and 68 (Kakuro grids)

Pienet kakurot 1...70

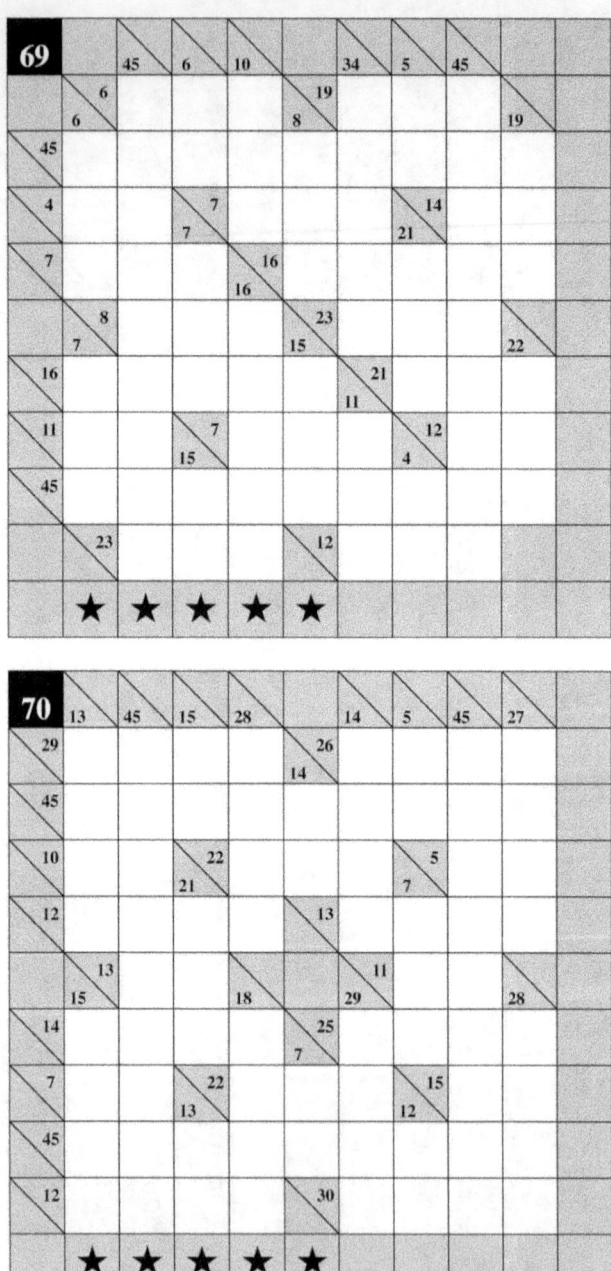

Isot kakurot 71...100

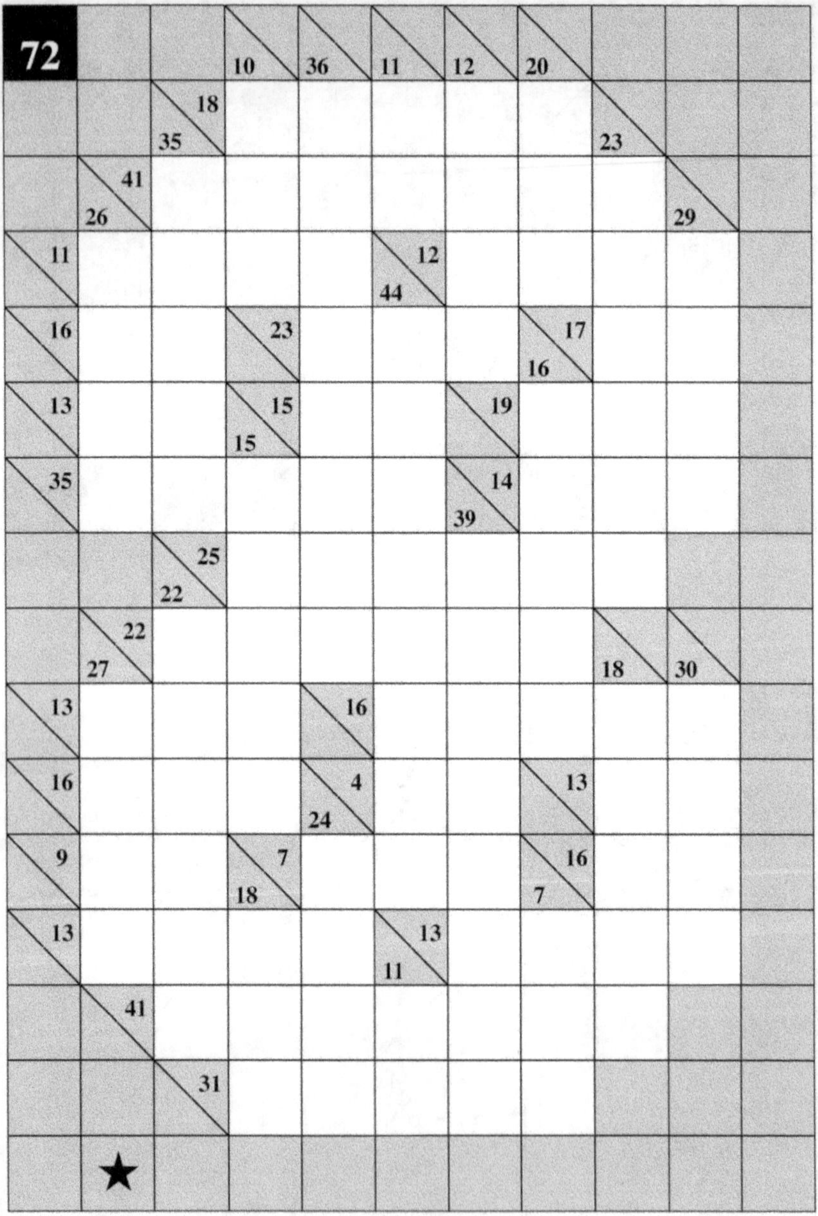
72

73	9\	26\	11\	13\			8\	18\	40\		
\30					15\	15\7					
\45										32\	
\10			23\	5\11			\21				
	\16					22\	\12				
	8\	14\11					15\6				
\6				\20				33\15			
\22				14\	35\34						
\16						\4			33\	5\	
	18\	29\22				19\12					
\14			\10				\19				
\12			15\20				19\16			5\	
\10				28\10				13\7			
	21\23				9\18						
\5			5\27						9\	13\	
\18						\24					
\34						\10					
	★										

Isot kakurot 71...100

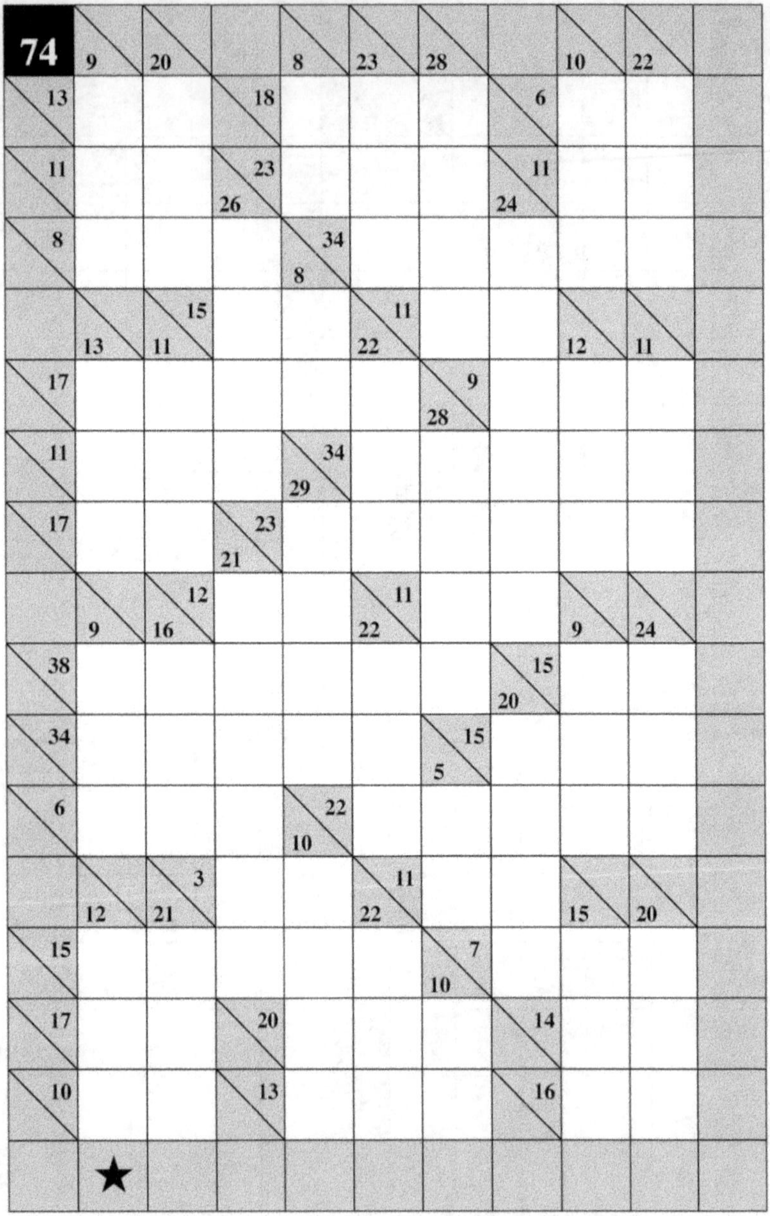

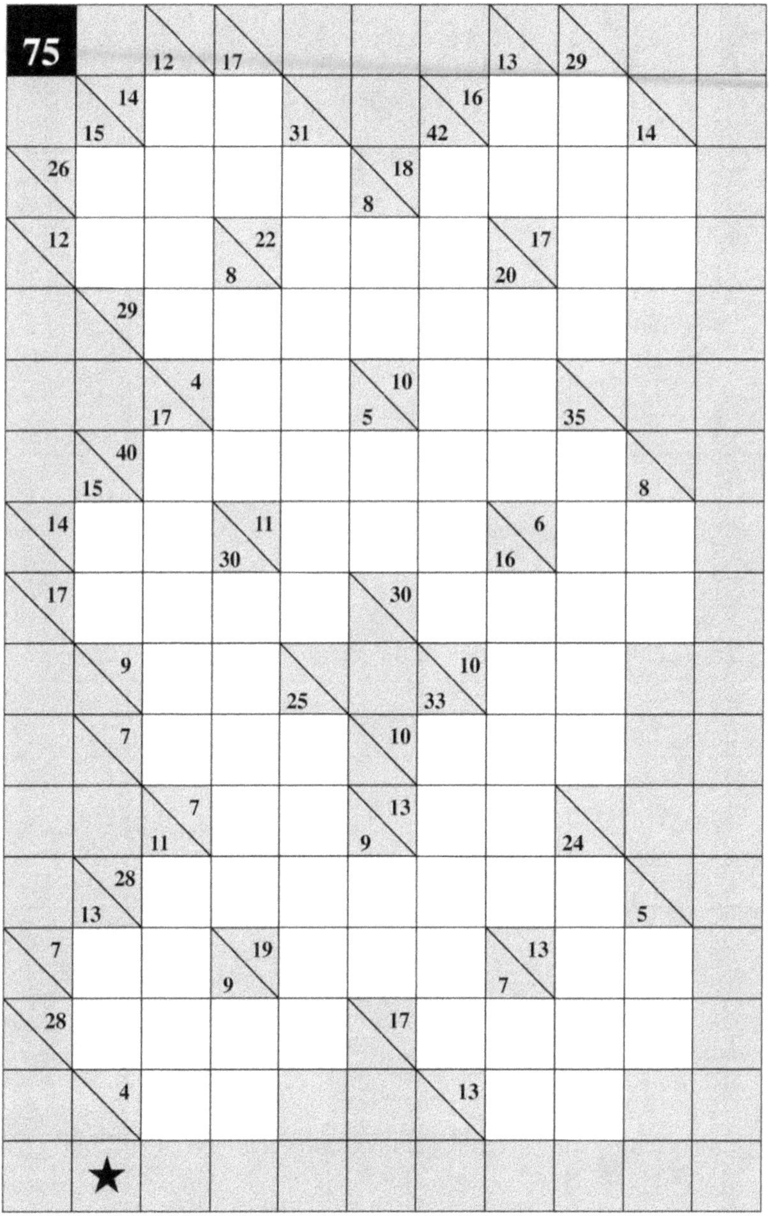

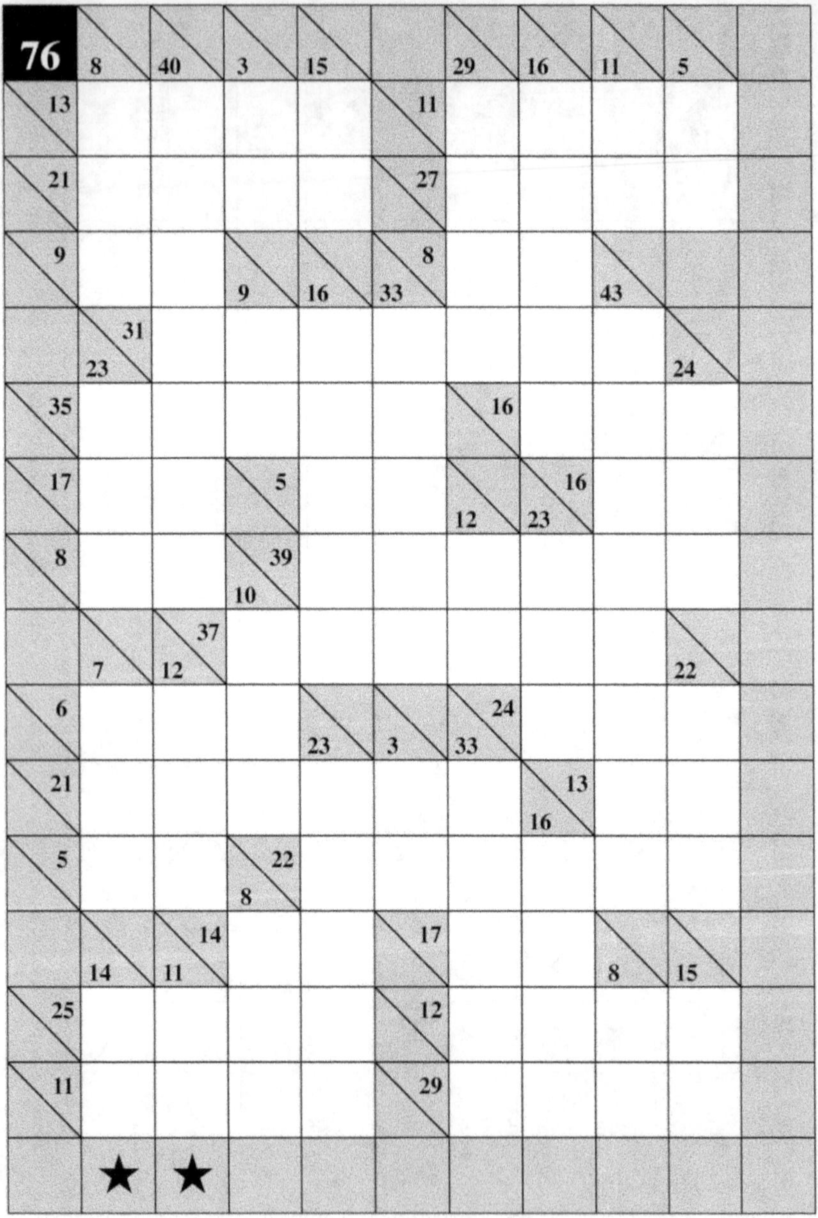
76
8 40 3 15 29 16 11 5
13 11
21 27
9 9 16 33 8 43
31 23 24
35 16
17 5 12 23 16
8 39 10
7 37 12 22
6 23 3 24 33
21 13 16
5 22 8
14 14 11 17 8 15
25 12
11 29

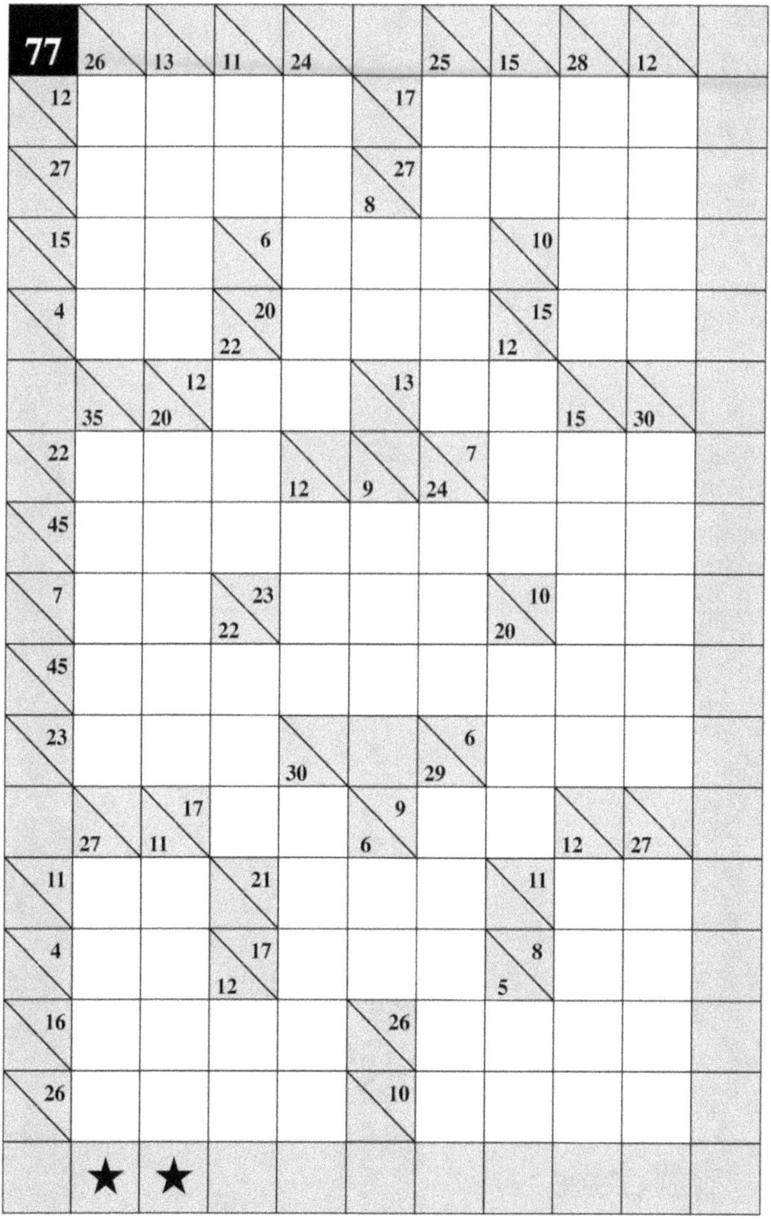
77 26 13 11 24 25 15 28 12
12 17
27 27 8
15 6 10
4 20 22 15 12
35 12 20 13 15 30
22 12 9 7 24
45
7 23 22 10 20
45
23 30 6 29
27 17 11 9 6 12 27
11 21 11
4 17 12 8 5
16 26
26 10
★ ★

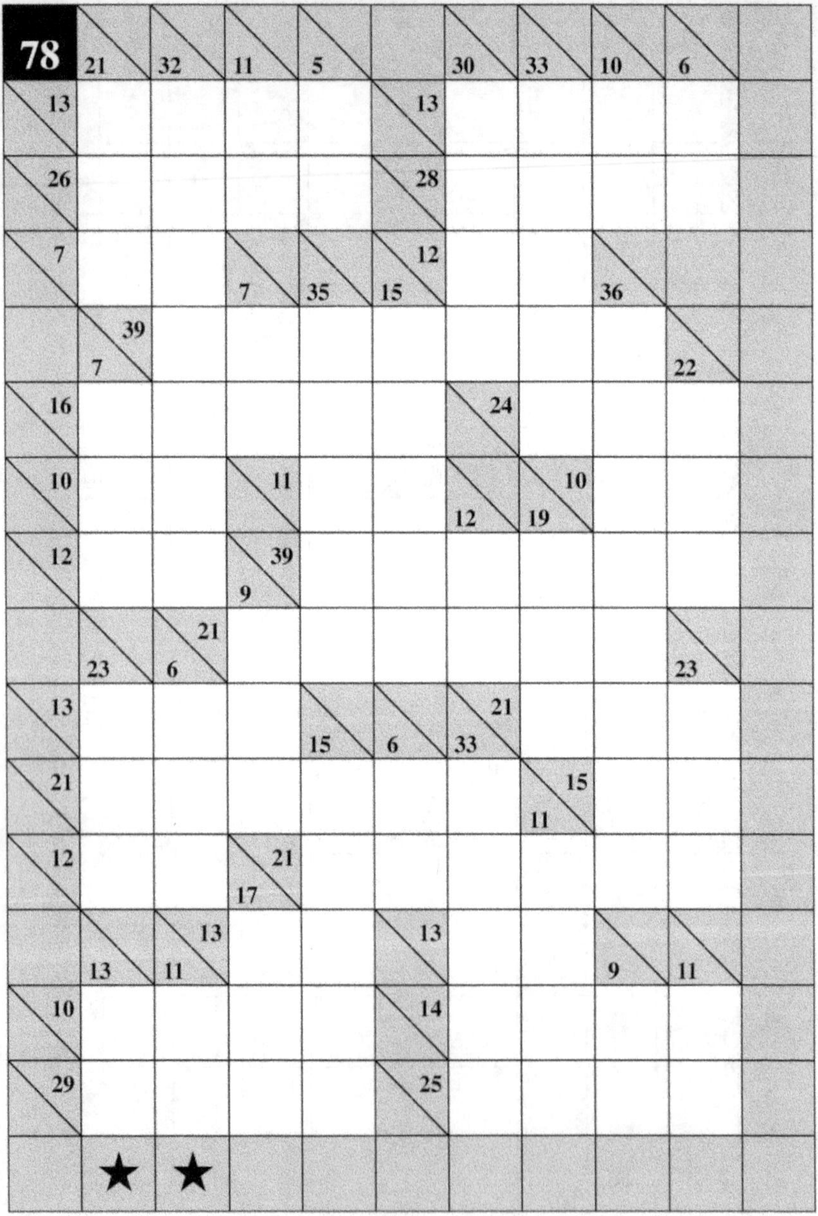
78 21 32 11 5 30 33 10 6
13 13
26 28
7 7 35 15 12 36
39 7 22
16 24
10 11 12 19 10
12 39 9
23 21 6 23
13 15 6 21 33
21 15 11
12 21 17
13 13 11 13 9 11
10 14
29 25
★ ★

79

Isot kakurot 71...100

80	27\	13\	14\	28\		18\	9\	15\	29\	
\23					\27					
\28					15\12					
\6			\12				\8			
\9			15\24				10\11			
	17\	31\16			\7			18\	31\	
\11				7\	24\	11\8				
\45										
\15			20\20				11\12			
\45										
\8				18\		21\7				
	27\	12\12			11\6			13\	29\	
\9			\13				\13			
\4			11\20				13\8			
\27					\12					
\15					\25					
	★	★								

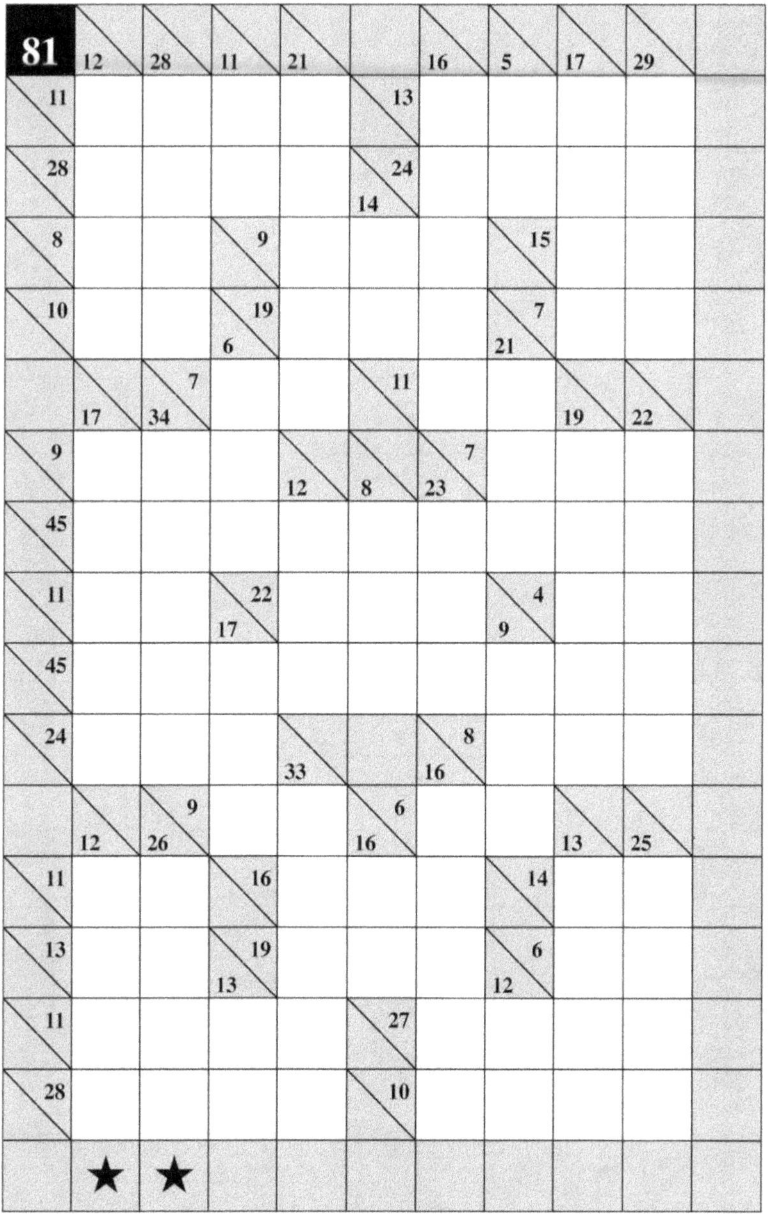
81

Isot kakurot 71...100

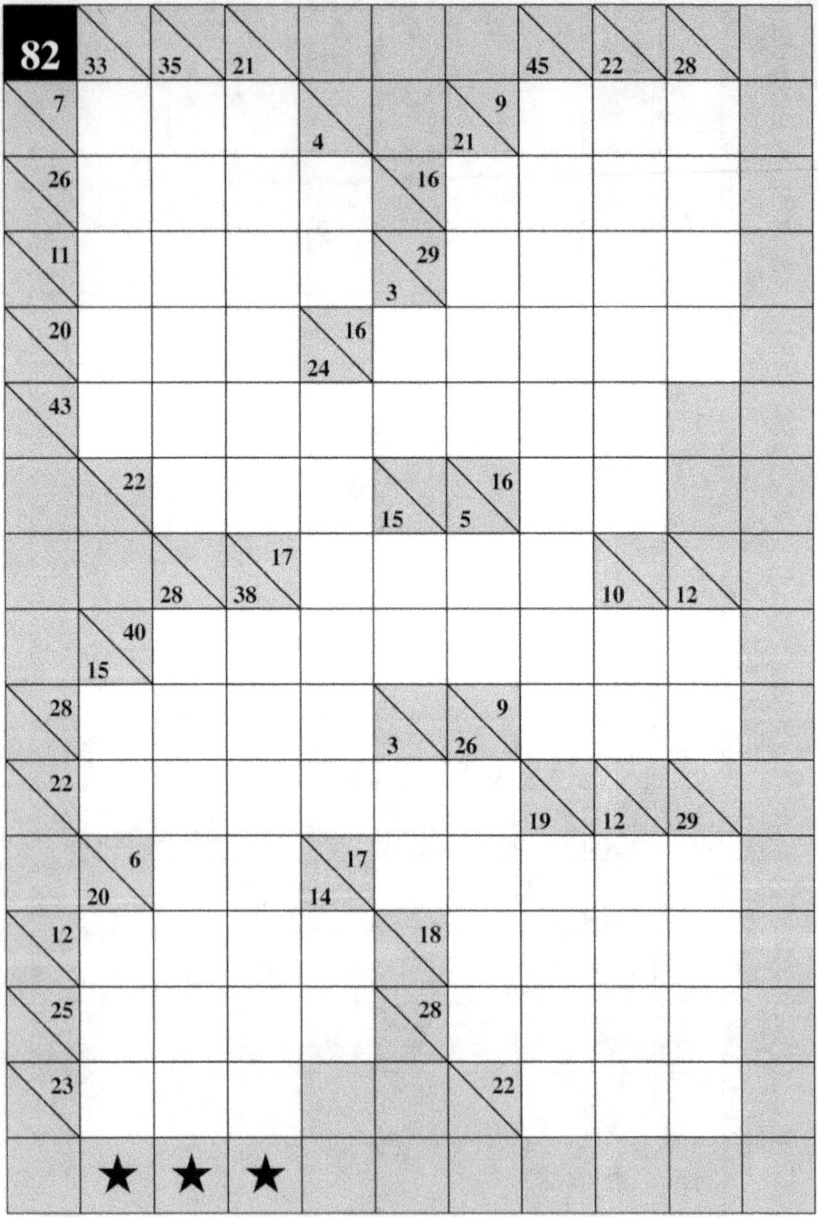

Isot kakurot 71...100

Isot kakurot 71...100

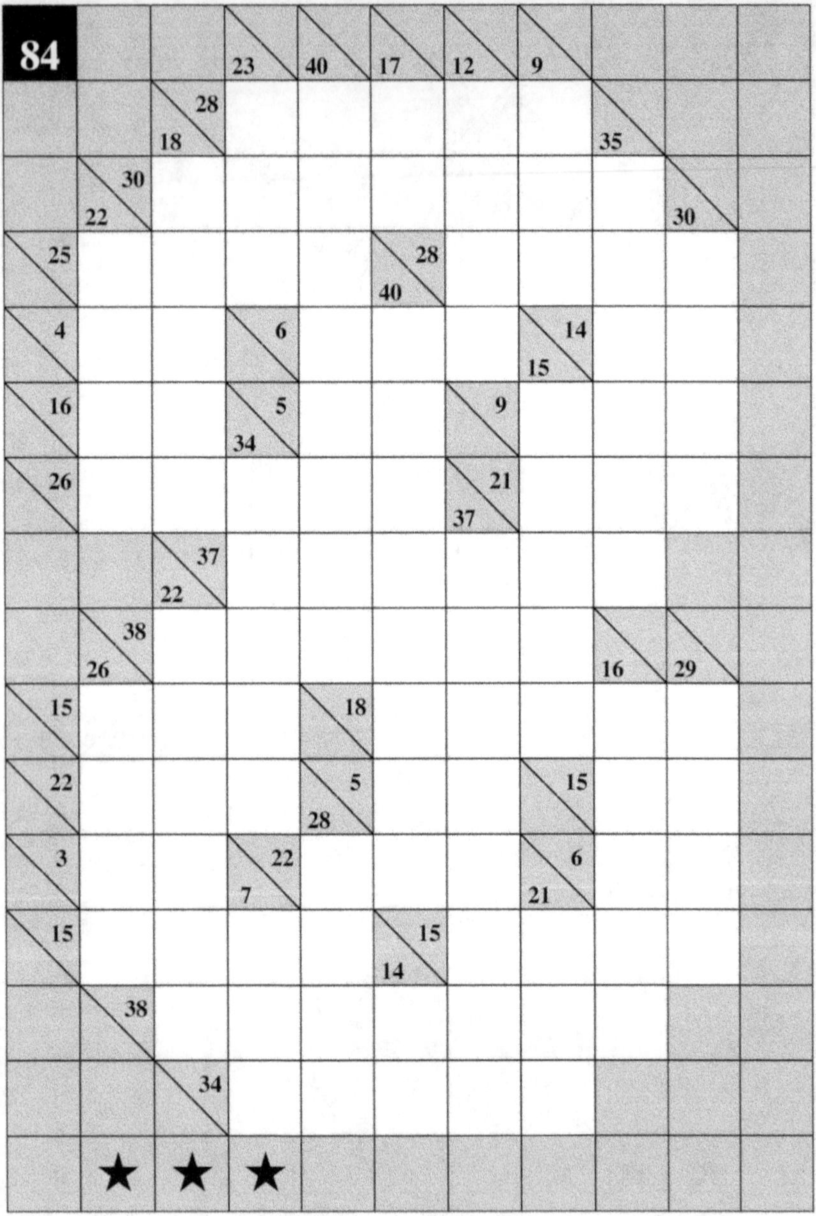

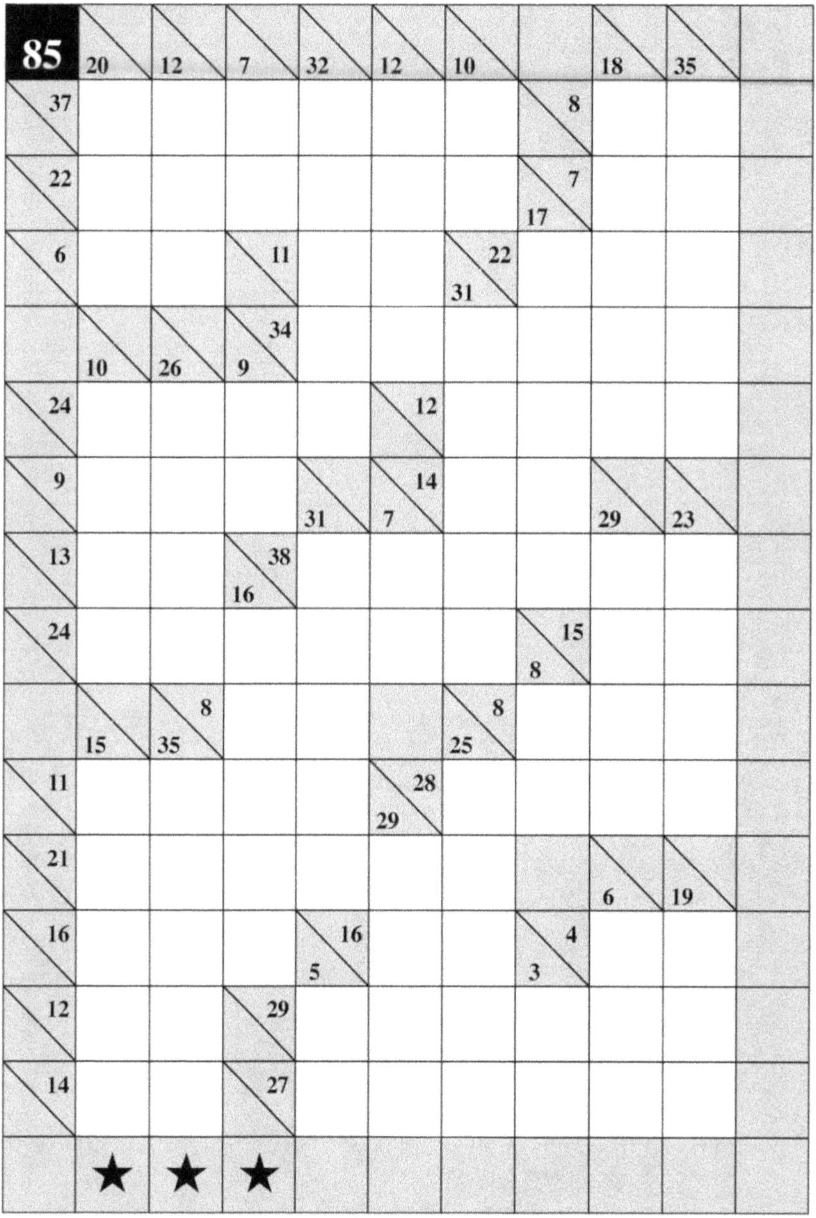
85

Kakuro puzzle 86

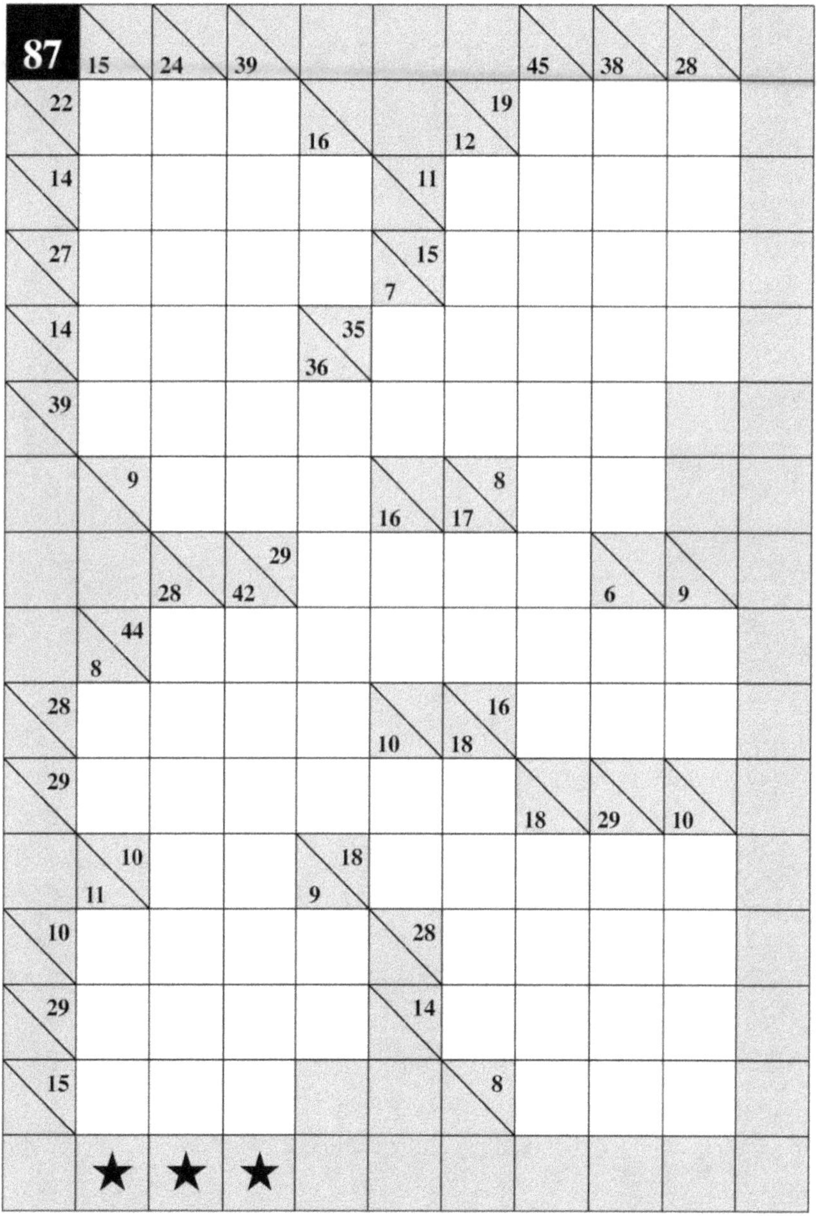
87 15 24 39 45 38 28
22 16 19 12
14 11
27 15 7
14 35 36
39
9 16 8 17
29 28 42 6 9
44 8
28 10 16 18
29 18 29 10
10 11 18 9
10 28
29 14
15 8
★ ★ ★

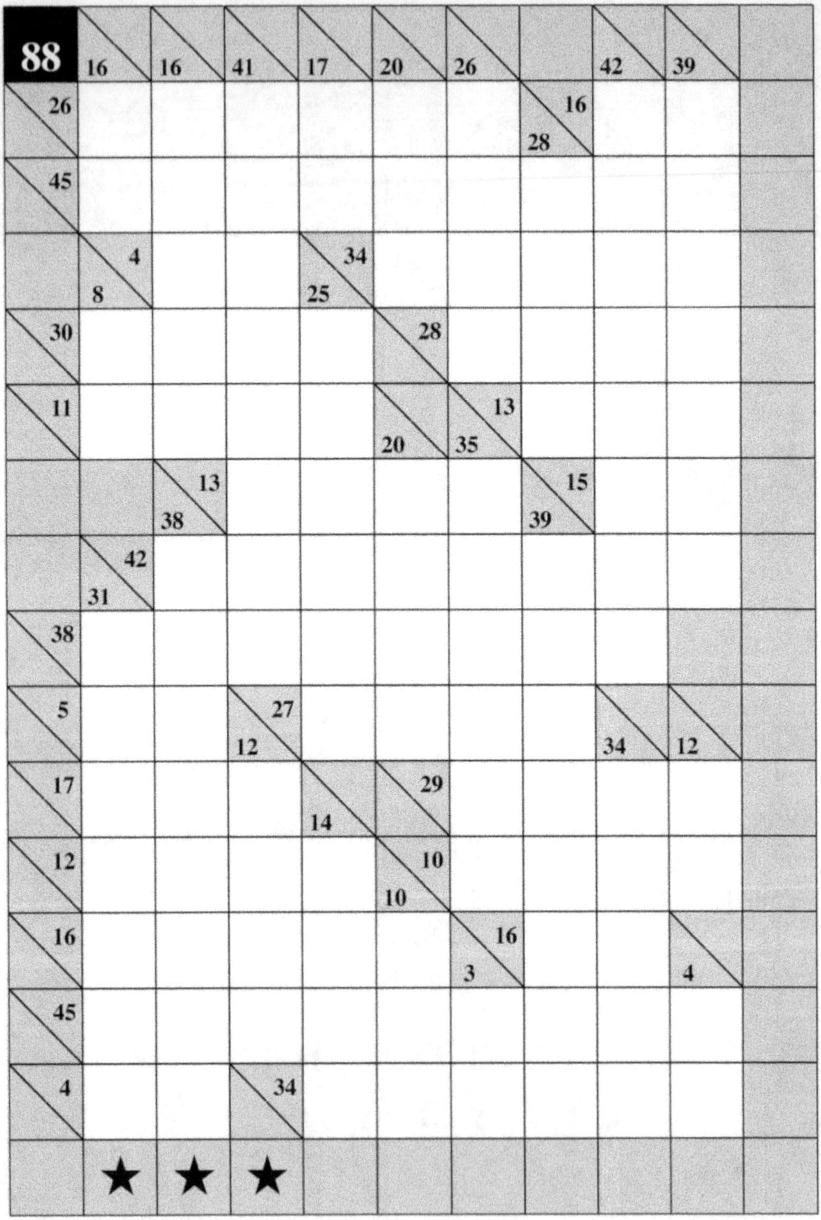
88

Isot kakurot 71...100

Isot kakurot 71...100

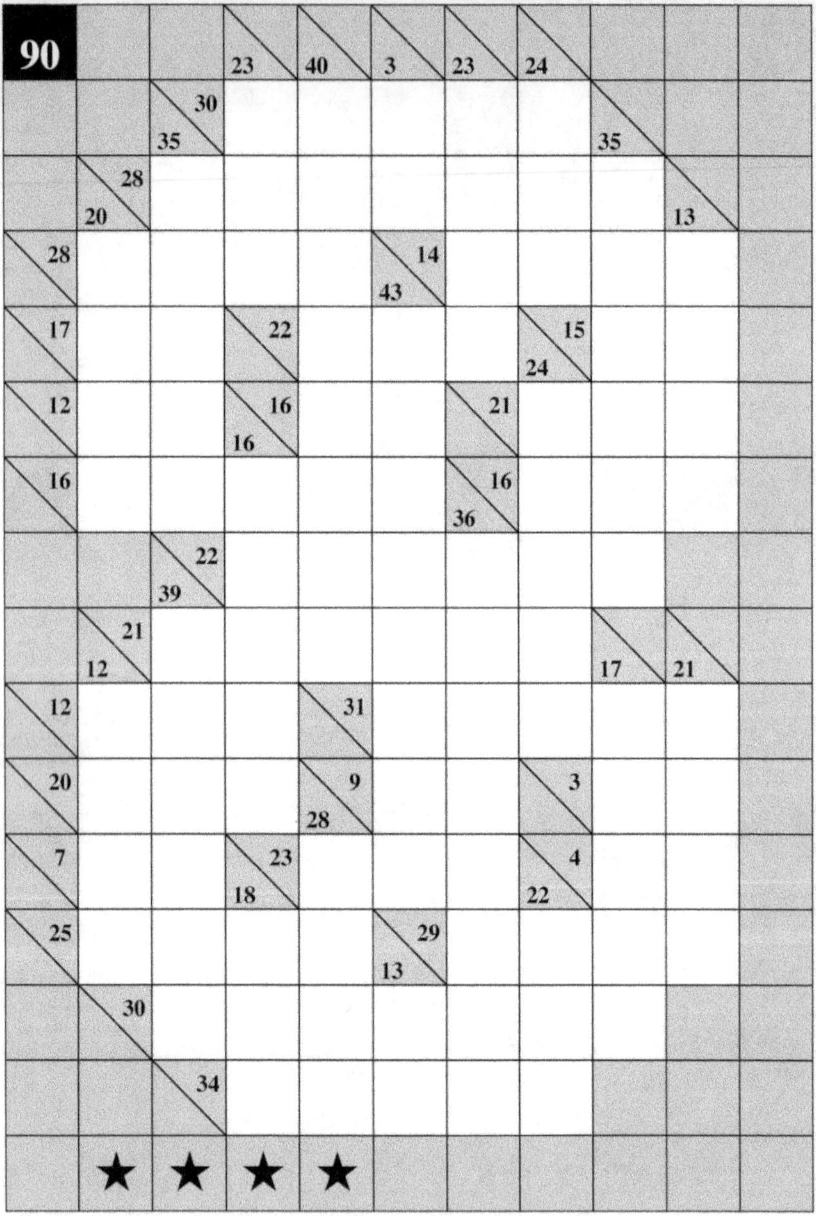
90
23 40 3 23 24
30 35 35
28 20 13
28 14 43
17 22 15 24
12 16 16 21
16 16 36
22 39
21 12 17 21
12 31
20 9 28 3
7 23 18 4 22
25 29 13
30
34
★ ★ ★ ★

Kakuro puzzle 91

Kakuro puzzle 92

93

Isot kakurot 71...100

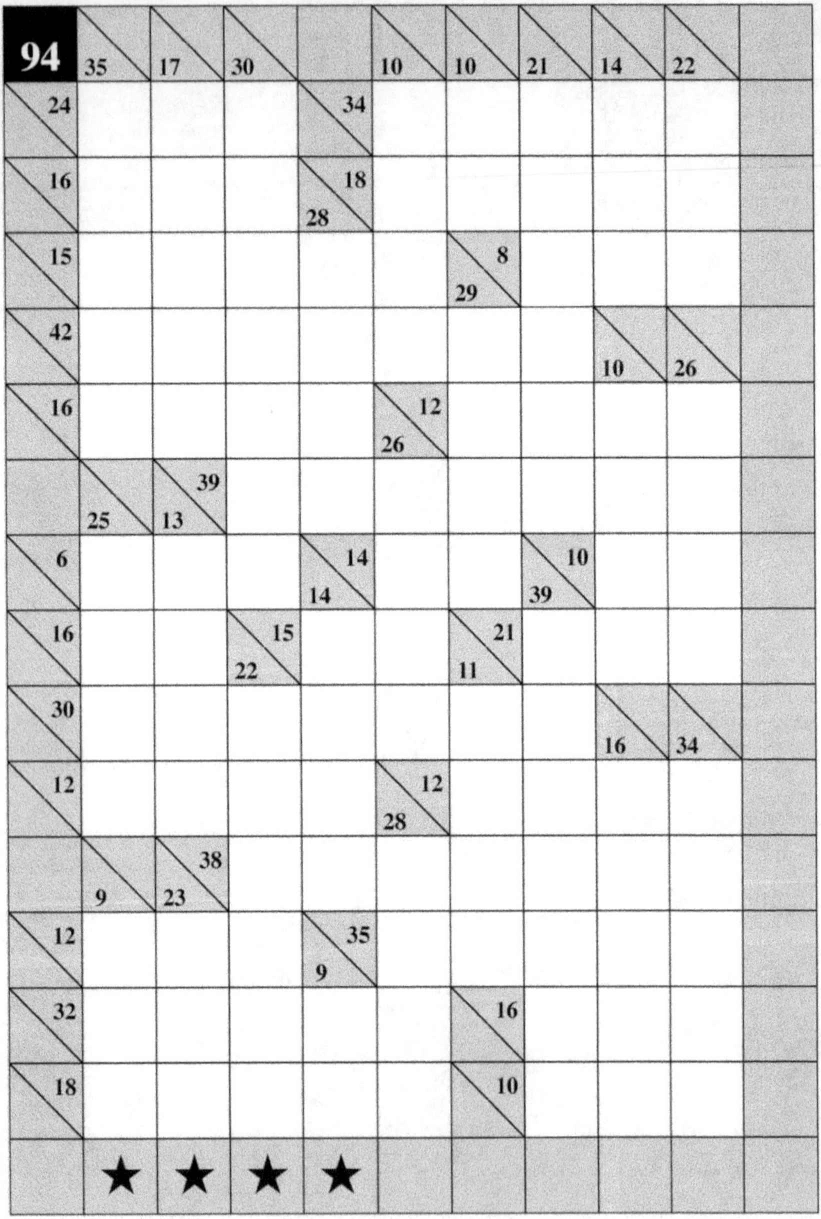

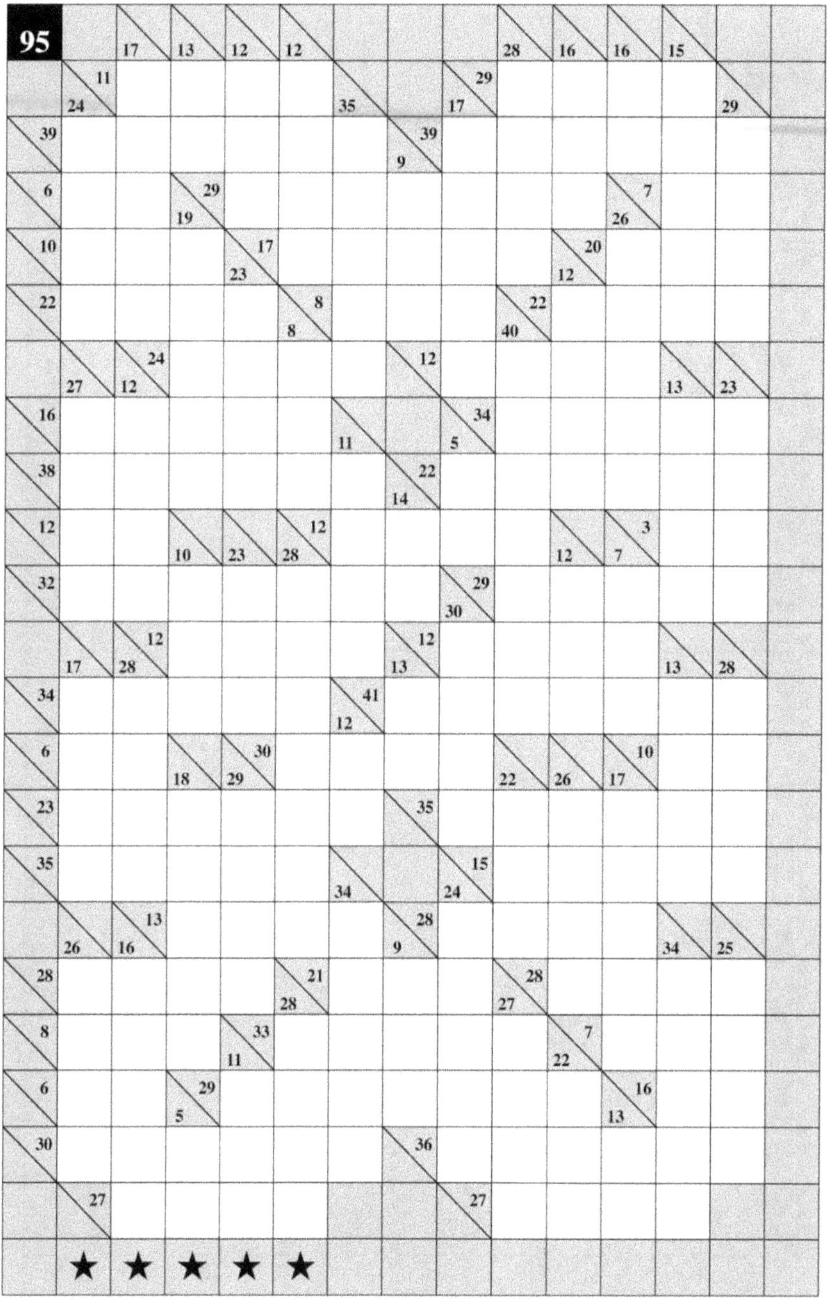
95

Isot kakurot 71...100

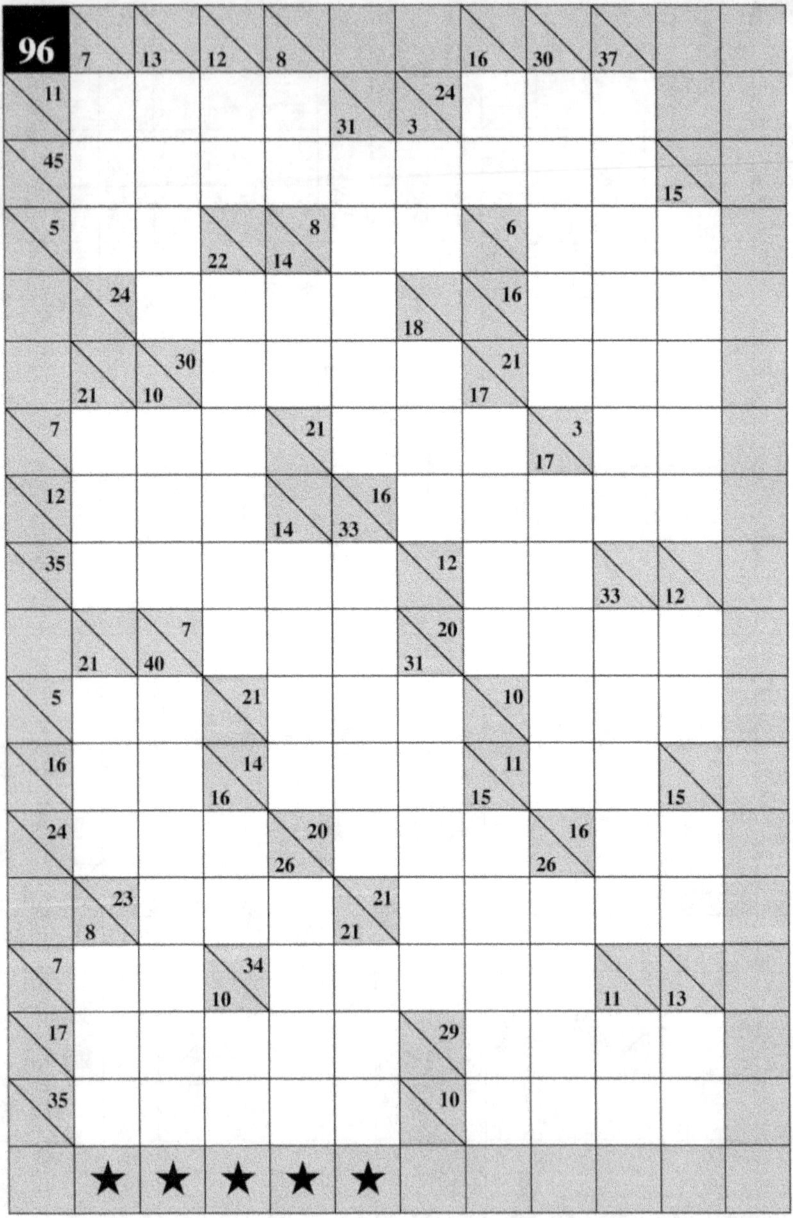

97

98

Kakuro puzzle grid #99

Isot kakurot 71...100

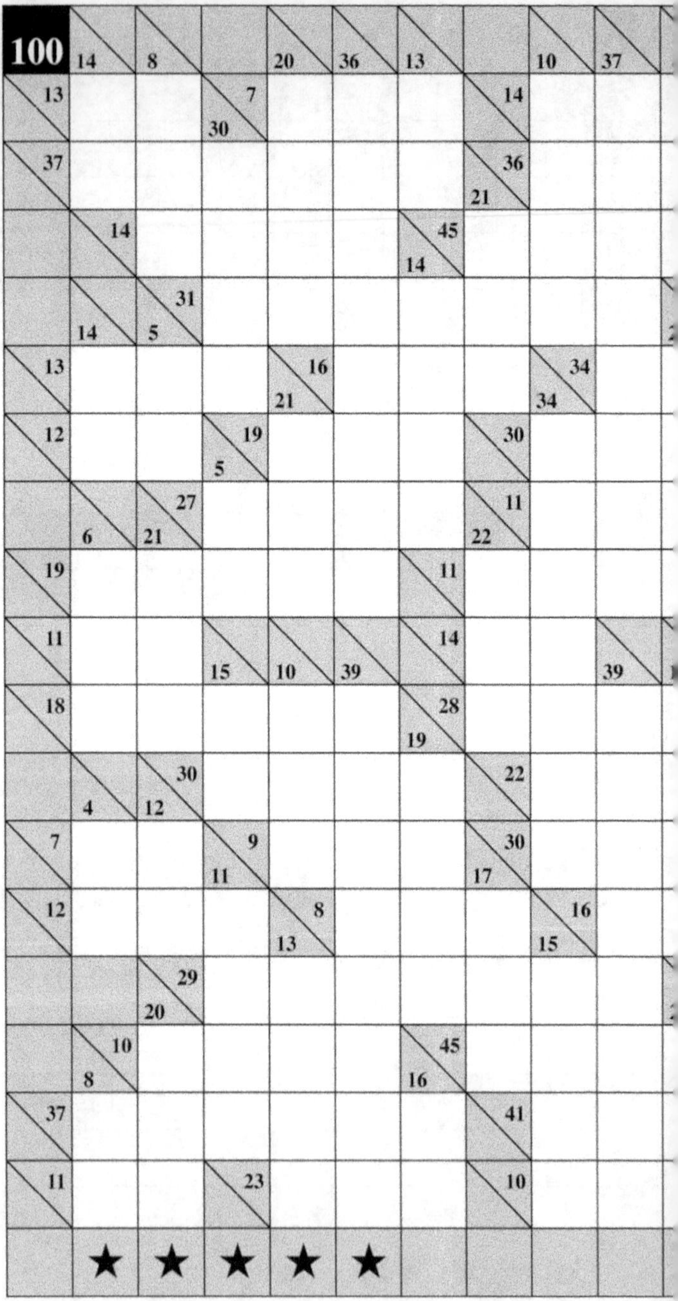

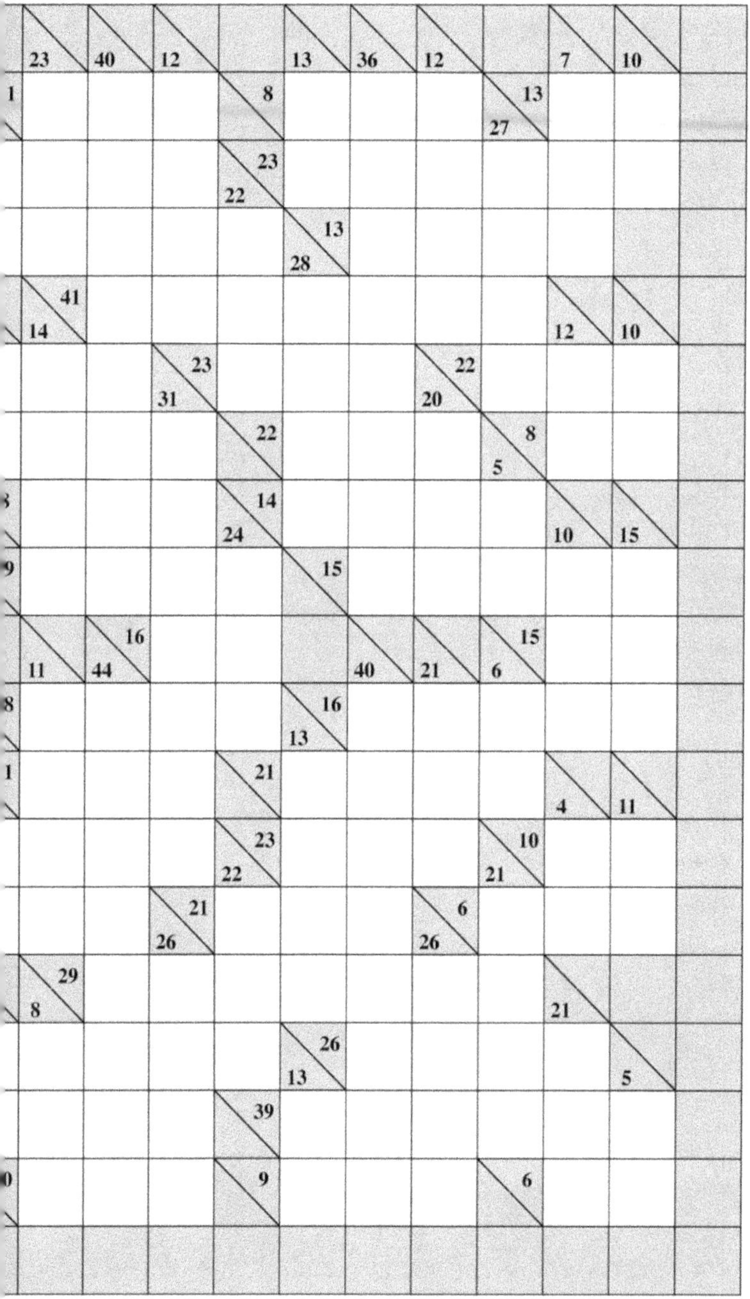

Ratkaisut 1...100

1

```
 4 9     1 3     5 9
 3 5   9 6 8 4 7
     6 3 2 1 4
 6 8 7     2 6 4 1
 1 7 2 3     7 2 9
     6 7 8 9 5
 3 4 1 2 7     3 5
 6 9     1 9     1 9
```

2

```
 3 8 1 6 9     5 1 2
 1 7 2 3 5 4 6 8 9
 6 9 5 8     1 4 2 3
         8 9     5 9
 8 9 6 7     2 3 1 6
 1 7 4 5 6 3 8 2 9
 2 4 3     9 6 7 4 8
★
```

3

```
     5 9         9 5
 4 7 8 9     3 2 1 6
 1 2 7 8 4 5 6 3 9
     1 6 7 3 4 5 2
     3 4     9 7
 9 5 6 7 2 4 8
 9 8 4 5 6 1 3 7 2
 5 3 2 1     6 8 9 5
     4 1         1 6
```

4

```
 9 7     8 5 9     8 9
 8 5     1 4 6     6 7
     4 3 2     8 1 9
 3 6 1 4 2     3 2 1
 7 9     3 4 5     1 3
 1 3 4     1 2 3 4 5
     8 7 9     1 2 5
 9 2     8 5 6     7 2
 5 1     7 4 3     3 1
```

5

```
 9 8 6     2 6 8 3 7
 4 2 1     3 8 7 5 9
         7 8 6 9     2 8
 1 2     7 1     9 4
 3 8 6 9     2 5 1 8
     5 2     8 4     7 9
 5 1     2 5 1 4
 9 4 8 1 7     2 3 1
 8 3 6 4 9     8 9 5
★
```

6

```
     6 9         1 5
 9 3 7 8     9 8 7 6
 8 1     4 1 2     9 8
     2 6 1 3 4 5 8
     8 7 6     7 9
     2 9 6 4 5 8 1
 9 7     2 6 3     2 8
 8 1 2 3     8 5 7 9
     3 1         9 4
```

7

```
 1 7 5     2 9 6 7 8
 4 9 8     1 4 3 5 2
     7 9 6 8     8 9
 1 5     6 3     4 6
 3 2 1 4     2 5 3 1
     3 6     2 1     9 3
 1 7     9 4 5 8
 2 1 4 7 3     1 2 4
 3 4 6 2 1     7 8 9
★
```

8

```
 1 2     3 8 9     1 4
 5 4     1 2 8     3 8
     6 8 9     3 1 5
 6 8 7 4 9     6 7 8
 7 9     2 8 1     9 5
 8 7 9     7 5 6 8 9
     5 2 1     3 2 6
 2 3     2 9 4     4 5
 6 1     3 5 2     2 6
```

9

```
 1 3     9 5     4 8 7
 8 5     8 3     1 4 2
     4 7 3 2 1 6
 4 2 3     6 8 9 5 7
 9 1     6 8 1 9
 8 7 9     8 7     6 8
     1 2 5 9 4
 5 1 7 8 9     3 7 8
 3 9     7 6     1 2 4
★
```

10

```
 9 8     7 9         3 2
 7 2 1 9 8 6     5 4
     2 6     9 5 8
     2 3 8 7 4 1 9 6
 2 1 4     9 5     7 8
 8 4 5 7 3 1 2 6
     9 6 8     1 3
 2 6     9 7 8 5 6 4
 1 3     6 2     5 9
★
```

11

```
 1 2 7     3 1 5 2
 8 5 9 2 7 3 6 4
 2 3 5 1 6     9 7
 9 7     7 9 6 8 5
 5 9 2 4 8 1 7 3
 4 8 9 3     2 3 1
★
```

12

```
 2 1 4 5     4 8 9
 1 3 6 7 9     1 6 8
 4 7     6 8 1     9 7
     9 8     3 2 4 1
 6 8         1 5
 8 5 7 9     3 5
 7 2     6 1 2     1 6
 2 1 4     3 6 8 7 9
 9 3 8     1 6 2 7
★
```

13

```
 7 2     2 4 3     1 4
 9 1     8 9 7     5 3
     6 8 9     9 8 4
 5 3 1     3 5 6 2 1
 7 5     1 2 8     8 5
 9 8 7 4 6     8 9 2
     4 1 3     8 9 6
 5 9     2 5 1     3 9
 3 7     5 8 3     7 8
★
```

14

```
 9 7     6 2         3 2
 6 4 2 3 1 5     6 5
         7 2     2 4 1
     6 5 1 2 3 8 4 9
 9 8 1     3 6     5 7
 6 5 3 7 1 4 9 2
     1 4 2     7 8
 9 7     9 5 8 6 7 4
 8 2     7 9     8 6
★
```

15

```
     3 1     1 6
     2 1 4     4 8 9
 8 3 6 9 7     1 6 3
 5 1     8 1 6 2 7 4
     2 3     7 3
 1 4 3 7 2 9     8 7
 2 1 4     4 8 9 7 5
     2 1 6     4 6 2
     5 8     2 7
★
```

Ratkaisut 1...100

Ratkaisut 1…100

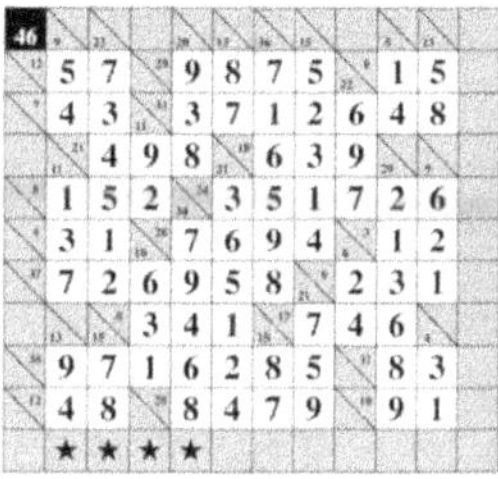

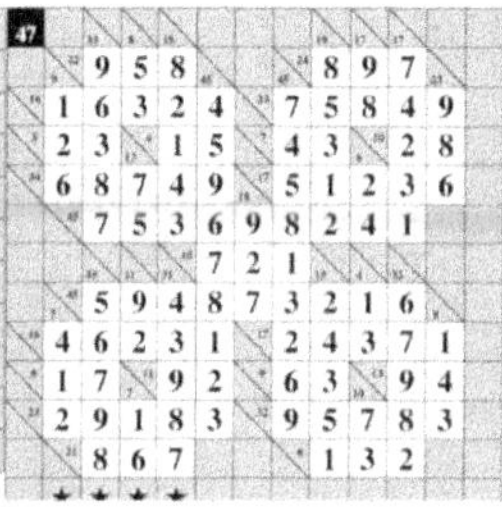

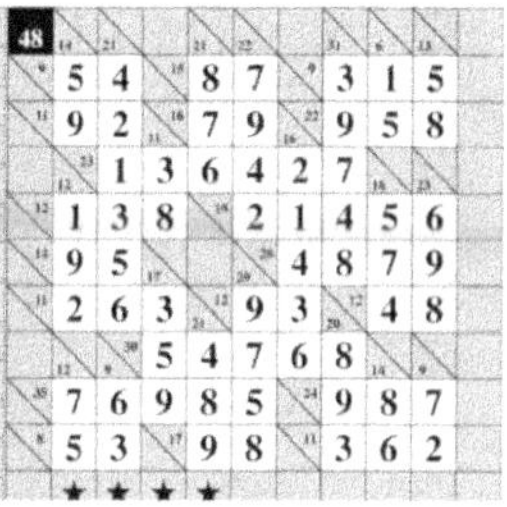

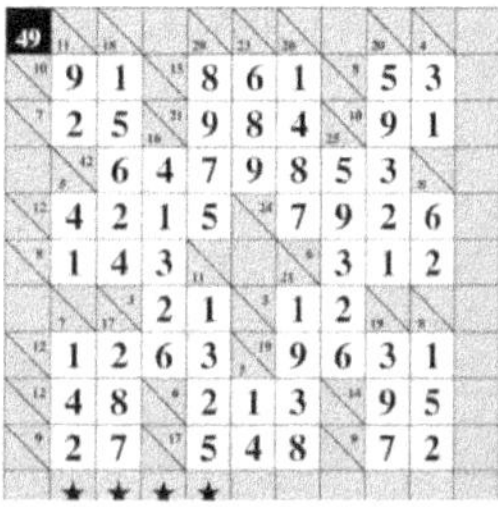

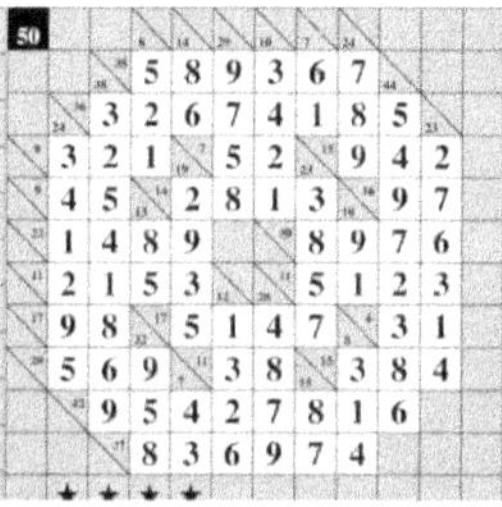

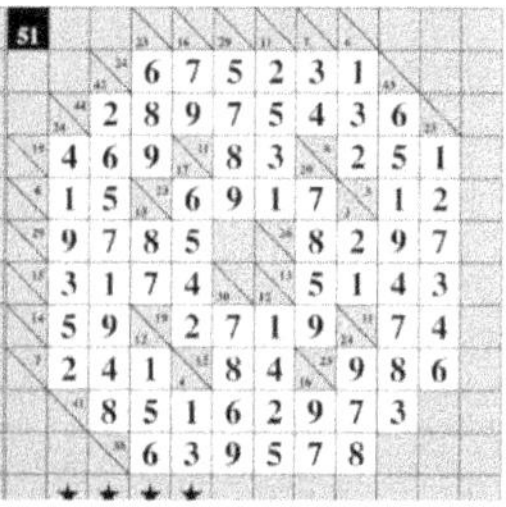

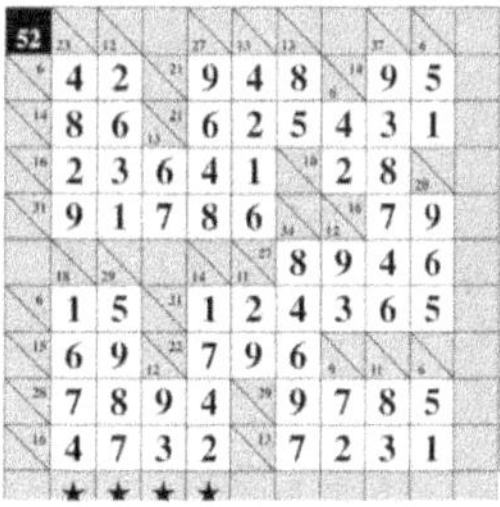

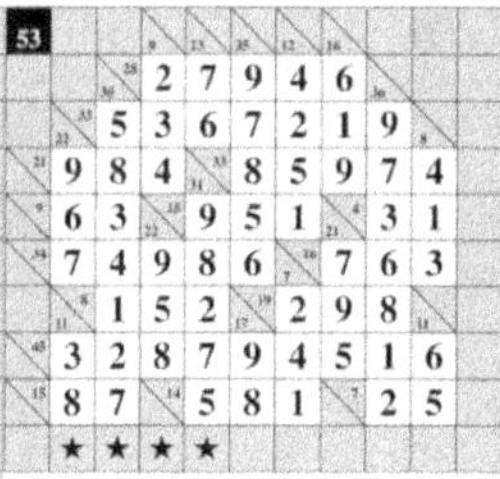

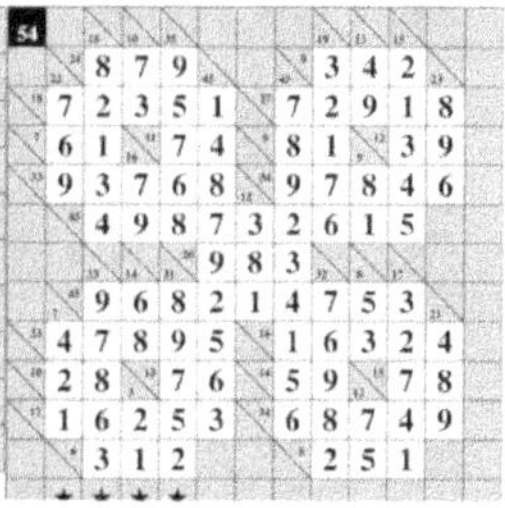

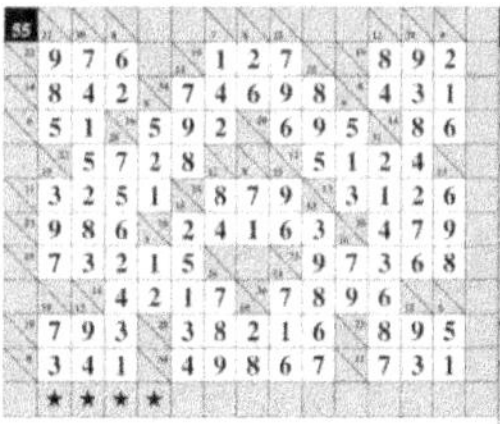

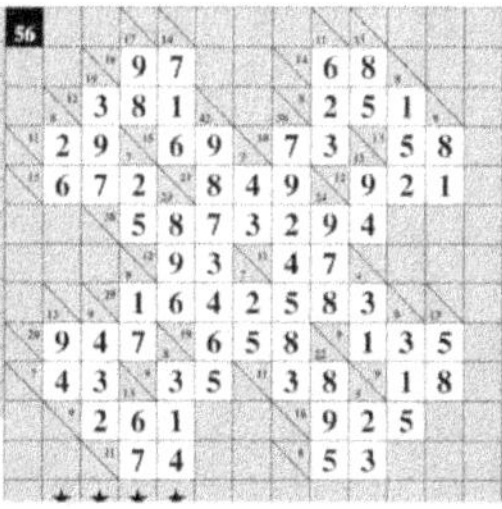

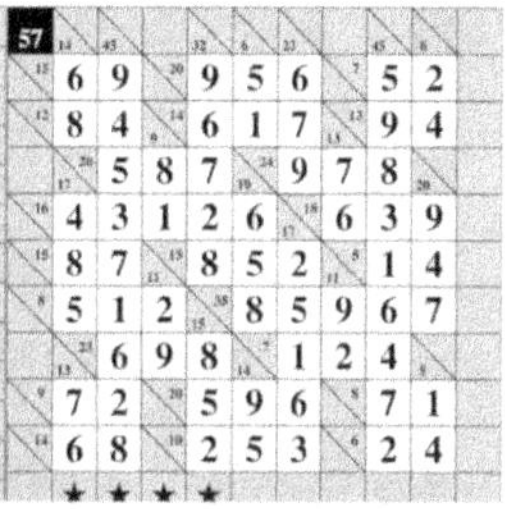

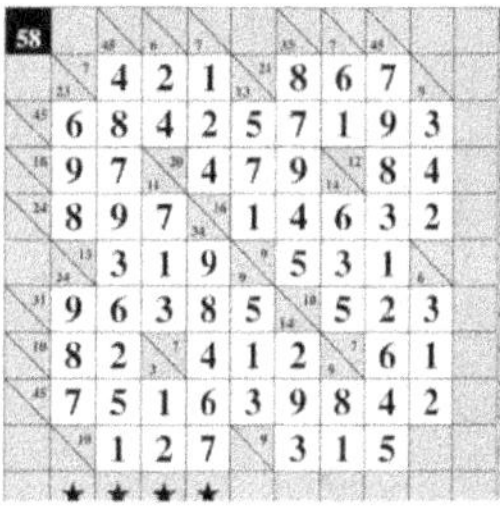

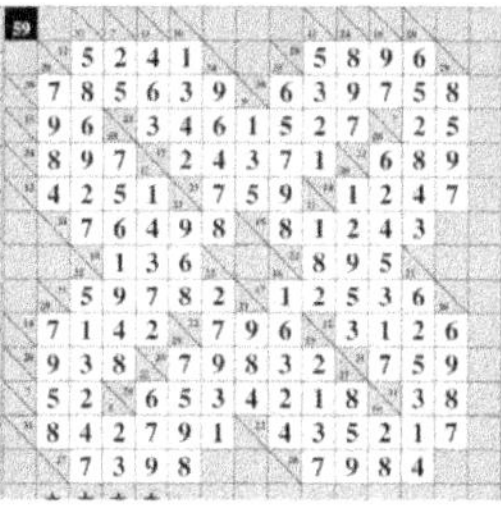

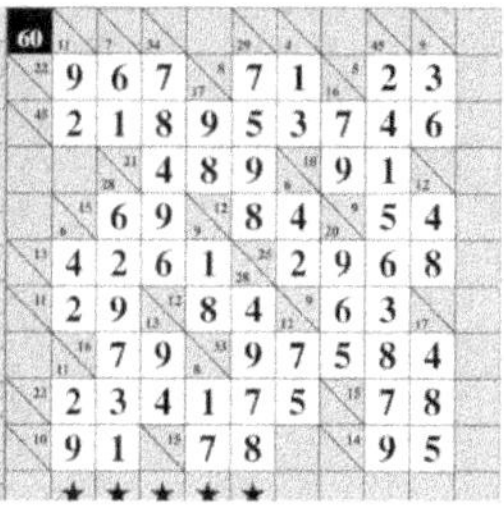

Ratkaisut 1...100

Puzzles 46–60 (solution grids)

Ratkaisut 1…100

Ratkaisut 1...100

Ratkaisut 1...100

100

8	5		2	1	4		4	9	1		9	7	5		5	2	1		4	9
6	2	7	8	5	9		2	7	3	9	8	6	1		8	5	4	3	2	1
	1	8	3	2		7	3	5	4	8	6	1	2	9		3	2	7	1	
		9	7	4	2	5	1	3			2	4	7	8	6	5	9			
5	2	6		6	1	9		6	8	7	4	9		6	9	8		8	5	9
9	3		8	7	4		5	4	9	6	2	3	1		6	7	9		7	1
		3	9	8	7		4	1	6		1	4	3		5	1	6	2		
1	9	2	4	3		5	1	2	3		7	8	5	9		4	5	3	2	1
3	8				8	6					9	7							7	8
2	4	6	1	5		9	7	8	4		1	7	2	8		3	4	2	1	6
		9	6	7	8		8	9	5		5	9	7		2	7	8	4		
3	4		3	4	2		3	7	1	8	2	5	4		6	8	9		1	9
1	8	3		1	3	4		1	2	4	3	6		8	4	9		1	3	2
		2	1	3	6	8	5	4			3	2	5	1	4	6	8			
	3	1	4	2		5	3	2	8	6	1	4	7	9		2	8	7	9	
6	8	5	2	9	7		6	5	9	7	4	2	8		8	6	9	5	7	4
2	9		6	8	9		1	3	6		3	8	9		5	1	3		5	1

★ ★ ★ ★ ★